徳大寺有恒

Tokudaiji Aritsune

新・女性のための運転術

草思社

はじめに

多くの女性は運転が苦手とおっしゃいます。

クルマが誕生してからもう一二〇年以上になるのですが、確かに、モータースポーツの世界では、Ｆ１やＷＲＣ（世界ラリー選手権）に女性ドライバーはほとんどおりません。１９８０年ごろアウディに乗るミシェル・ムートンというドライバーがＷＲＣで勝利をあげたことがあるのですが、その他に女性ドライバーの活躍は知りません。

しかし、それはあくまでレース界のトップ・ドライバーの話です。そこに女性ドライバーがほとんどいないからといって、一般的な女性ドライバーと男性ドライバーを比べて、生まれつき女性のほうが下手だということにはなりません。いまやクルマは生活の道具です。クルマも乗りやすくなり、操作にはほとんど体力を要求されません。その現代において、自分の運転に自信がないという女性がかくも多いのは、不思議なことですし、残念でもあります。

この女性ドライバーの苦手意識も、クルマ技術の進歩でいつの日か完全に解消されるのでしょうか。自動車技術の進歩は、いまもすごいスピードで進んでいます。最近では、コンピュータの判断でハンドルを切り、アクセル、ブレーキの調節をおこない、ドライバーを援助しながら走るクルマがすでに市販されています。またクルマ自身が、あの難儀な縦列駐車を自動的にやってのけてしまうシステムも登場してきました。そう遠くない将来には、クルマの運転はシートに座って目を開いていさえすれば、それでよしとなる可能性が出てきました。クルマに乗ってスイッチを押せば、そのまま黙って目的地まで運んでくれるというかつてのＳＦのような話も、昨今の技術の飛躍的な進歩でにわかに現実味を帯びてきているのです。

とはいえ、その時が来るまで、やはりクルマは自分の手と足で運転しなければなりません。またかりにそうなったとしても、そのような「全自動」グルマはごく一部だけでしょう。まだまだドライバーが自分の目、耳、手足を駆使し、自分の判断と意思でクルマを運転してやらなければならない時代は続くと思われます。

高速道路に入るのが怖い、狭い道ですれ違えない、駐車場にクルマが入れられない。そんなことから、クルマに乗ってはいても、自宅の周囲数kmの同じような道を走るだけ。そんな女性ドライバーは決して少なくないと思います。

大都市に住んでいればそうでもありませんが、地方では公共交通機関が廃止になったり、クルマでなければ行きづらい場所にショッピングモールなどができたりして、クルマによる交通は生活のなかでより重要度を増しています。きっと必要に迫られて運転する女性ドライバーは増えているることでしょう。その毎日の運転が、苦手意識を持ちつつ義務感でいやいやながらおこなわれるとしたら、こんなに不幸なことはありません。苦手意識が固定化して、上達しようという気も起こらないというのなら、危険ですらあります。

私は本書を、そういう女性のために書きました。本書は、感覚的におこなわれているドライブを、どうしたらそうなるかを少し理屈だてて説明することで、あなたの運転技術上達のお手伝いをしようというものです。たとえば、バックでの車庫入れは面倒なものですが、クルマの四つのタイヤがどう動き、どうハンドルを切れば、車体がどう動くかをよく知っておこなえば、案外簡単なものなのです。一つでも苦手が克服できれば、運転はぐんと楽になります。その体験をすれば、またもう一つ、苦手を克服しようという気になるでしょう。

時速100km／hで高速道路を走ることをむずかしく感じる女性も多いでしょう。とりわけ運転に集中することがむずかしいのではないでしょうか。ここで集中というのは、緊張してハンドルを握りしめ、こわばったまま前を見つめていることではありません。リラックスしながら、それでいて変化する前後左右の状況を常に頭に入れ、そのつど適切に対応していく。この集中がなかなかむずかしいのです。本書ではそういった運転のツボをくわしく説明したつもりです。

こういった一つひとつのことを、それほど苦労なくこなせるようになれば、日常の足としての使い方を超えて、クルマで長旅をしたり、ちょっとドライブして日頃の憂さを晴らしたりということが、女性にももっと気楽にできるようになるハズです。

私が声を大にして言いたいのは、女性ドライバーにもっとクルマの運転を楽しんでほしいということです。クルマをモノと人を運ぶ道具として使うだけでなく、その運転を楽しむ。一部の女性ドライバーはすでに実行しています。このことをあなたにも今日から実行してほしいのです。

2014年1月

著者

新・女性のための運転術　目次

第3章

女性のための基本運転テクニック 41

第4章

あなたの運転を格段に安全にする工夫　69

第5章

駐車のテクニックを身につけよう　97

6 高速道路での場面別対処法 111

第7章

山道を気分よく走るために　139

第10章

女性のためのクルマ選び 191

第11章

運転がうまくなった自分を想像してください

第1章

これだけは
知っておいてください

見たもの以外信じず、見てから行動する

よく住宅街の細い道をあきれるようなスピードで走り抜けていく若者がいます。破滅に向けてまっしぐらの運転というべきでしょう。こういうドライバーに限って「オレはカンがいいから」などと言うのです。しかし、レースやラリーでさんざん無茶をした私の体験からいうと、カンで運転していたのでは命がいくらあっても足りません。

私は長年の経験から、カンなどというものはいっさい信用しないことにしています。自分の目で見たもの以外、なにも信じないのです。安全運転のためいちばん大切なことは、目に見えないものを恐れることです。私はアクセルを踏むときも、ハンドルを切るときも、自分の目で確認してからでなければ行動しません。私はそれを「有視界ドライブ」と名づけて実行しています。

クルマの運転でいちばんイヤなのは事故です。これがなくなればクルマはすばらしいものだと思います。もし人身事故など起こしてしまえば、関係するすべての人が不幸になります。このイヤな事故を防ぐには有視界ドライブに徹する以外ないと思いませんか。

かならず見てから行動に移るということは、何も見えないときは行動できないということです。それはそうでしょう。住宅街の細い道にクルマが停まっていたら、その陰から子供が飛び出してこないか、確認するまではスピードを落とすしかありません。左折のときには、左後ろを確認しなければ、後ろから来たバイクを巻き込んでしまうかもしれません。信号だってうかうか信用で

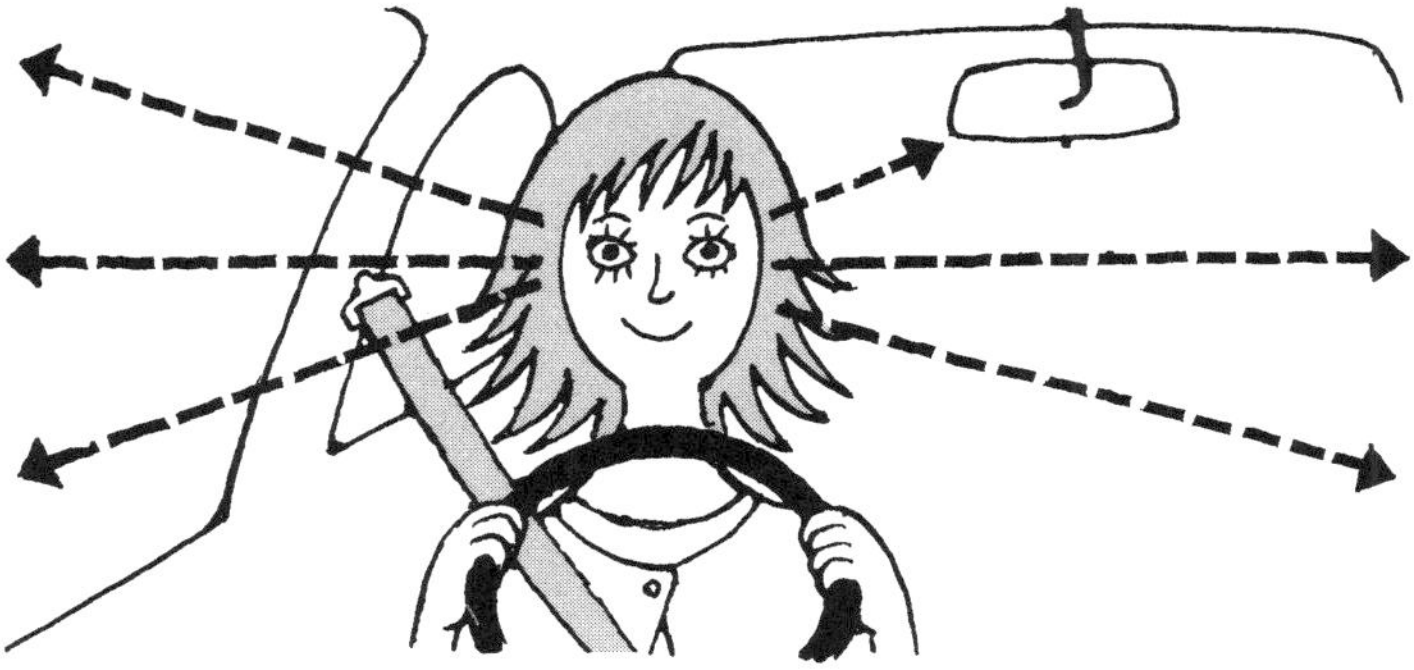

少しでも多くのものを見ようとすること

きません。右折のとき、矢印信号しか見ていなければ、止まってくれるハズの対向車が突っ込んでくるかもしれません。なにか行動を起こすためには、あらゆる手段を尽くして見る努力をしなければならないのです。

私は「見る」ためにありとあらゆるものを使います。カーブミラーにもかならず注意します。あまり見やすいものではありませんが、少なくとも動いているものを確認できます。商店街のガラス窓、これは意外に路地から飛び出してきそうな子供や自転車をチェックするのに役立ちます。止まっているバスやトラックがいたら、タイヤのあたりに注目します。人の足が見えたら、道路を横断してくる可能性が高いのです。そうやって自分の経験からチェックリストを作り、それを見て運転することを心がけるのです。

とにかく情報は多ければ多いほど、危険は遠ざかります。少しでも多くのものを見よう、確認しようとすれば、いままでよりずっとよく見えるし、確かめられるハズです。あなたも有視界ドライブに徹して、ひとつでも多くのものを見るようにしてください。

自分のクルマをまわりにアピールしながら走る

見ることと同じぐらい大事なのは見せるということです。夜、住宅街の信号のない交差点では、他のクルマが来ているかどうか、昼間より意外とわかりやすいものです。他のクルマのライトが、近づいて来ていることを教えてくれるからです。

他のドライバーにあなたの存在をアピールしてください。あなたが見えているからといって、相手にあなたが見えているかはわかりません。私はたとえ昼間でも、雨が降っているとライトを点灯しますし、またカーブミラーで先を確認するしかない山道でも、カーブミラーにこちらの存在がよく映るようライトを点けます。交差点での右左折もゆっくりおこなってまわりに存在を見せるようにします。これは他のクルマにアピールするだけでなく、歩行者や自転車にも、私のクルマがどう進もうとしているのかアピールするためです。

あなたの存在を見せるということは、あなたの意思をアピールするということです。見通しの利かない駐車場から道路に出るには、少しずつクルマの鼻先を出して他のクルマにあなたのクルマを見せるしかありません。あなたの存在に気づいた他のクルマはけたたましくクラクションを鳴らすでしょう。しかし、傷つくことはありません。よくぞ気づいてくれたと感謝すべきです。

これから自分のクルマが何をしようとしているのか、止まろうとしているのか、曲がろうとしているのか。その意思をはっきり他のクルマにアピールしてください。あなたがそうするように

わたしはこっちへ行きたいんでーす.

とくに交差点では他車へのアピールが重要

他のクルマも、他のクルマがどう動くのか予測しながら走っています。いちばん危険なのは、相手が予測もしていなかった急な行動に出ることです。お互いに意表をつかれたときに事故は起きるのです。それは歩行者対クルマでも、クルマ対クルマでも同じです。

交差点の右折信号が変わりそうです。前のクルマは行きました。あなたも追従して渡りきってしまおうとアクセルを踏みます。ところが、赤に変わりました。急に怖くなったあなたは急ブレーキを踏みます。その瞬間、後ろから追突されます。それまでのあなたの行動から後ろのクルマのドライバーは、あなたはそのまま進むものと思っていたからです。

こんなときは赤信号に変わろうが、周囲にあなたの存在を見せつけながら、とにかく右折するのだとアピールしながらゆっくりと曲がったほうが、はるかに安全です。クラクションぐらいは鳴らされるかもしれませんが、少なくとも周囲のクルマは、あなたの行動に対応して加速をひかえるなり、止まるだけの余裕があります。あらゆる相手に余裕をもって行動する時間を与える。それが見せる運転ということです。

第2章

ちょっとした
コツをつかめば
苦手は克服できる

苦手克服①

右折で危ない目にあっていませんか

右折信号がない信号で右折するのは、なかなか大変ですね。対向車線のクルマがいつまでも途切れない場合、信号が変わるタイミングを見はからって右折するしかありません。でも、赤になったからといって対向車線のクルマが止まってくれるとはかぎりません。いや、かえって交差点を渡りきろうと、スピードを上げて突っ込んでくるクルマが少なくありません。

右折のときに気をつけるべきなのは、自分の目で確かめた以外のものをうかつに信じないということです。相手が止まってくれるだろうなどと自分に都合よく思いこんで運転していたら、命がいくつあっても足りません。事故の多くは交差点で起きていることを、覚えておいてください。まずは対向車の動きを見定めましょう。相手があなたと同じように、交通法規を守る人間であるという保証はないのですから、自分の目で見たモノしか信用しないことです。

もし、突っ込んできそうなクルマがいたら、さっさと行かせてしまいましょう。それから曲がっても、けっして遅くはありません。たとえ左右の信号が青に変わっても、あわてることはないのです。なにせ左右のクルマはあなたのクルマを見ているのですから、いくら信号が青でも、急発進してぶつかってくることはありません。

それから、右折のときにもう一つ重要なのは、相手に自分の存在を見せながらゆっくり行動することです。よく信号の変わり目で、あわてて交差点に突っ込みスピードを上げて右折する人が

信号が変わっても相手が止まるとはかぎらない

いますが、これは危険です。横断歩道を渡りかけている歩行者をひっかけてしまいます。こういうときに限って、急いで渡ろうとする自転車などが飛び出してくるものなのです。

交差点に入ってから信号が変わったら、むしろスピードを落として曲がり、自分の存在を周囲に見せつけながら行きましょう。あなたがゆっくり動けば、まわりもそれに対処することができますが、あなたがあわてて急加速したら避けきれません。ここは見せる運転が重要です。それに、ゆっくり進めば、横断歩道を渡りきれていない歩行者がいても、余裕をもって止まることができます。

世界的に見て、日本のドライバーのマナーはトップクラスだと思いますが、それでも私は、いったんハンドルを握ると人間不信のかたまりになります。とくに交差点は事故が起こりやすいところです。しっかりと見る運転を実行してください。そして、相手にもあなたの行動を見て判断する余裕を与えるため、ゆっくり行動してください。見せる運転です。交差点で起きる事故は、ゆっくりと慎重に行動すれば避けられるものが多いのです。

苦手克服②

確認してから右折をしていますか

「サンキュー事故」という言葉をご存じですか。他車に道を譲ってもらったドライバーが、よく確認せずに行動して事故を起こすことです。右折のときはこれが起こりやすいのです。

たとえば、交差点を右折しようと停止しているとき、対向車線のドライバーがライトで合図してくることがあります。どうぞ右折しなさいなというのです。そこで相手の善意に感謝しておもむろに右折すると、道路の端を渋滞の車列をすり抜けながら直進してきたバイクが、クルマの陰から飛び出してきて、ドーンと衝突するというようなケースです。

せっかく待ってくれている相手に悪いから、さっさと曲がってしまおうとあわてがちですし、なにより向こうから来るクルマはいないと決めてかかったことが命取りでした。行きなさいといった相手のドライバーが悪いのか、それとも渋滞をすり抜けてきたバイクの責任でしょうか。私は、しっかり前方確認をせず、右折してしまったドライバー側に最大の責任があると思います。

右折のときはとにかく自分の目で見て確認することが大事です。そのためには、落ち着いてゆっくりと行動すること。確認すべきことが多いのですから、あわててはいけないのです。右折のとき、私は自分の運転にいくつか習慣をつけてそれを実行するようにしています。その習慣を守っていれば自然とゆっくり行動するというわけです。

たとえば、矢印信号のある交差点で右折しようとしたとき、前に大きなトラックがいたとしま

トラックが作る死角の向こうに何があるか……

しょう。この場合、トラックが邪魔で、信号が変わったかどうか見ることができないことがあります。そのトラックが右折の矢印信号が消えたにもかかわらず強引に曲がっていたら、それに追従していったあなたはひどい目にあうことでしょう。こんなとき、私はトラックの後ろにピタリとつかず、少し距離をとって停止し、できるだけ信号を自分の目で確かめられるようにしています。

また、右折の矢印信号のない交差点のなかに、右折を待っているクルマが何台か並んでいるときも、気をつけています。みなさんにも覚えておいていただきたいのですが、右折の矢印信号がない場合、信号の変わり目で右折できるのは1台、よくてせいぜい2台です。そこを3台目、4台目でも強引に曲がろうとするドライバーがいますが、そうなると急いで曲がらなければならなくなり、みずから事故を招くことになります。私の場合、交差点のなかに2台以上のクルマが右折待ちをしていたら、横断歩道の手前で止まり、次の信号の変わり目を待つようにしています。こうしたクセをつけることで、右折のときの危険は大幅に減らせるのです。

苦手克服③

左折で気をつけることがすぐ頭に浮かびますか

みなさんは、右折より左折のほうがらくとお思いですか？　いえいえけっしてそうとは限りません。最近、私は右折より左折のほうが怖いなと思うようになりました。理由は、傍若無人に割り込んでくるバイクや自転車がやたら増えてきたからです。左折時によく起こる事故が、この二輪車の巻き込みです。左折するときは、まずはこれに気をつけてください。

バイクはクルマの斜め後ろを並走していることがあります。そこはドライバーから見て、ミラーの視野の死角ですから、存在に気づかないことが多いのです。そこで、左折するときは早めにウインカーを出し、バイクにこちらが左折しようとしていることを知らせます。

しかし、バイクのなかでもとくに原付バイクに乗っている人は、普通免許を持っていないことが多く、クルマの運転がどういうものかわかってないことも多いのです。そういう人がクルマの間をぬってバイクを走らせるものですから、いくらこちらがウインカーを出していても、左側に入ってくる場合があります。これには最大限、注意を払うしかありません。

ウインカーを出したあと、クルマのスピードを落としながら、ルームミラーを見、それから左側のドアミラー、最終的には振り返って、バイクや自転車が左側や後方にいないか確認します。もし、それら二輪車が近づきすぎて、クルマと並んでいるようでしたら、ためらうことなくさらにスピードを落として先に行かせます。左側に二輪車がいなければ、クルマをなるべく左側に寄

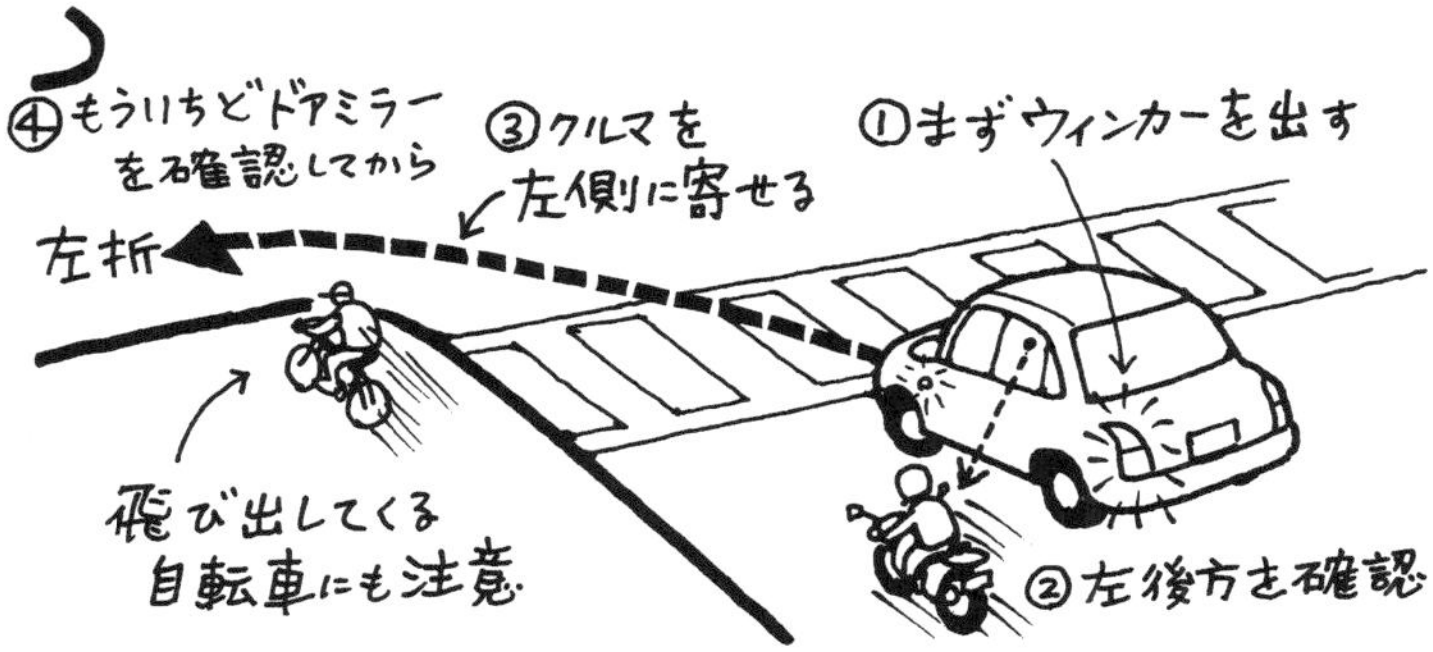
④もういちどドアミラーを確認してから
③クルマを左側に寄せる
①まずウィンカーを出す
左折
飛び出してくる自転車にも注意
②左後方を確認
左折の手順を習慣づけよう

せて、二輪車の割り込んでくるスペースをふさぎます。

こちらが左折しようとするときには、クルマのスピードはかなり落ちていますから、遠くにいたバイクが追いついてクルマの左側に入ってくるかもしれません。もう一度、ドアミラーで確認してから曲がります。

整理すると、(1)ウインカーを出す、(2)ミラーと目視で左後方を確認、(3)クルマを左側に寄せる、(4)もう一度ドアミラーで確認してから左折、ということになります。後方確認をしてからウインカーを出すべきという人もいますが、私はウインカーでまず先に意思表示をしたほうがいいと思います。

もうひとつ左折で危ないのは、歩道を走る自転車です。歩行者がいないと思って安心して左折しようとしたら、いきなり左側から横断歩道をやってきて、ドスンと自転車にぶつけられるということが起きます。

自転車はスピードを出して歩道を走ってくることがあり、ドライバーは察知しづらいのです。むろん相手は青信号で渡ってくるのですから、この場合、非はもっぱらこちら側にあるということになります。

苦手克服④

車線変更でまわりに迷惑をかけていませんか

女性ドライバーは車線変更が苦手のようですが、車線変更をいやがることは正しいのです。なによりクルマがあっちこっちと移ることは他のクルマに迷惑ですし、つまらない事故の危険が増えるだけです。なるべく車線変更しなくてもすむ走り方をする、それがまずは大事なことです。

たとえば、比較的よく流れているが混んでいる2車線の道、こんな道であなたは右側車線、左側車線、どちらを行きますか。教習所では左側を行くように教えますが、私はたいてい右側車線を走ります。なぜなら、左側車線を走っていると車線変更を迫られる場合が多いからです。前を走っていたバスが停留所で停止する、トラックが荷物の積み降ろしをしている、などなど。とくにところどころにクルマが駐車しているようなところは、うんざりさせられます。

もちろん、右側車線を走っていても、いつかは車線変更しなくてはなりません。それにそもそも、右側車線に出るためには、一度は車線変更しなければなりません。

車線変更のコツは、少しスピードを上げながら車線を移るということです。変更する側は斜めに進むのですから、走る距離は長くなります。そのぶん少し速く走ってやれば、変更は比較的スムーズにおこなえます。また、加速していれば後ろから迫ってくるクルマが追いつくまでの時間を稼げます。

加速して車線を移ろうとする場合は、自分の車線の前が空いているかどうかが大切です。もし

左側車線を走ると車線変更を強いられる

空いていなかったら、少しアクセルをゆるめ、自分のクルマと前のクルマとの距離を広げます。その広がった距離を利用して加速するのです。

加速さえしていれば、後方のクルマが追いついてくるには時間がかかりますから、その間にゆっくりとハンドル操作をおこなうことができます。女性ドライバーは車線変更が怖いから早く終わらせようとして、一気にハンドル操作することがあります。これは大変危険ですし、まわりのクルマを驚かせてしまいます。加速しながら、なるべくゆっくりとハンドルを操作する、これが車線変更のコツです。

手順としては、⑴前のクルマとの間隔を確認、⑵ウインカーを出し、⑶ドアミラーと目視で斜め後方の安全確認、⑷少し加速してゆっくりとハンドル操作する。これが正しいやり方です。注意するのは、斜め後方、とくに左側がミラーの死角になるということです。なるべく首をひねって直接確認してください。そうでなければミラーをのぞき込むという手もあります。あまりスマートではありませんが、顔をミラーに近づけて奥までのぞけば、左斜め後方が確認できます。

苦手克服⑤

狭い道から広い道へスムーズに進入できますか

クルマが流れている広い道路に信号のない狭い道から合流する。住宅街の細い道から、いきなり幹線道路に出て左折しなければならないような場合です。運転に自信のない女性ドライバーにとって気の重いことでしょう。クルマの流れが途絶えたところで進入し、ハンドルを左に切るのですが、この間も結構なスピードで後ろからクルマが迫ってくる。なんともイヤなものです。

大事なのは、自分が流れに入ろうとしているのだという意思を、後ろから来るクルマのドライバーにはっきり見せること。そして、相手があなたのクルマを意識し、アクセルを戻してスピードを加減するだけの時間を与えることです。そのために後ろから来るクルマとの距離をとるのはもちろんのこと、ハンドルがまっすぐになったところでしっかりとアクセルを踏んで強い加速をおこない、相手が追いつくまでの時間を遅らせることです。50km/hの流れに入るには60km/hぐらいのスピードが必要です。そして、いったんクルマの間に入ったらアクセルを戻してスピードを落とし、流れに乗っていけばよいのです。

そこで問題となるのは、次のクルマとのスペースがどれぐらいなら安全かということです。道路が50km/hで流れているとしましょう。あなたのクルマが小型車だとしたら、左折してから強めに加速して60km/hに達するのに8秒ぐらいはかかると思います。この8秒間に次のクルマは110mくらい進みます。しかし110mといっても、感覚的にはそれがどのくらいかわかりま

前のクルマにつづいてすぐスタート

せん。クルマの流れをよく見て、遠くのクルマが目の前に来るまでの時間を計ってみましょう。すると8秒ぶんの距離、約110mの距離感覚がすぐわかるハズです。距離を時間に換算する、これが重要なのです。実際にはあなたのクルマも加速して前に進んでいくわけですから、6秒ぶんの距離、約80mも空いていれば、余裕があると考えていいでしょう。

しかし、なかなか理想的なクルマの流れの切れ目は来てくれません。意を決して、ここだというところを狙って入るわけですが、クルマが途切れたら、前のクルマにつづいてすぐに入りましょう。前に入ってきたクルマにモタモタされたら、誰でもヒヤッとしますね。そのヒヤッを他のドライバーに与えて、ブレーキを踏ませるような運転は、原則として避けるべきです。

もう一つ大事なことは、追従した前方のクルマが信号などでスピードを落とさないかということです。ルームミラーで後方のクルマばかり気にして加速していたら、自分が前のクルマと追突してしまったというのでは目もあてられません。前方にじゅうぶん注意してください。

苦手克服⑥

ゆっくり進むのが苦手ではありませんか

商店街をクルマで通り抜けるのは、いたってやっかいです。子供を乗せてふらふら進むお母さんの自転車、右からも左からも道路を渡ってくる歩行者。積み降ろしをしている宅配便のトラック。そこを飛ばしてすり抜けていく原付バイク。やれやれ前からバスが来てしまいました。

そもそも私はこういうところはなるべく通らず広い道を行くことにしていますが、どうしても通らなければならない場合は、できるかぎり、とろとろと進むことにしています。

こうしたゴミゴミしたところを抜けるには、一にも二にもゆっくりと行く、これが重要です。こういう道で怖い思いをしているのなら、まずスピードを出しすぎていないか確かめてください。本当に狭い道（道幅3・5m以下のようなところ）や、人や自転車で混雑している道であれば、前に何か飛び出してもすぐに停止できる速さにまでスピードを落とさなくてはなりません。場合によっては歩く速さと同じくらいで進むしかないこともあります。よく、こんなところをスーッと走り抜けてしまう人がいますが、それはあまりに想像力を欠いた行為といえましょう。

ゆっくりと進むのが苦手という人もいるようです。こういう人は、ひざの伸び縮みでアクセルやブレーキを操作しているのかもしれません。ペダルの操作は足首でおこなってください。かかとを床につけ、そこを支点にして、アクセルとブレーキを踏み替えます。そして、ペダルを踏むときもかかとを床につけたまま動かさず、足首を上下することでおこなうのです。こうすれば、

こうなると歩くくらいのスピードで進むしかない

ひざでやるよりずっとデリケートな調整ができます。ひざを伸ばすことでペダルを踏むのは、本当に危険な事態を避ける急ブレーキを踏むときなど、ペダルを奥深くまで踏み込まなければならない場合だけです。かかとをつけたままのデリケートなペダル操作は、私には経験がありませんが、ハイヒールだときっと無理だと思います。

また、オートマチックのクルマは、アクセルを踏まないでもクリープといって、ゆるゆるとごく低速で前進するようになっています。ブレーキを踏んだりゆるめたりしながら調整してやれば、クルマをクリープの速度より遅く進ませることができます。自信がなかったら広い駐車場などで、ゆっくり進む練習をしてみるといいでしょう。

ゆっくり進んでいるときに、きちっとブレーキを踏んですぐ止まれる女性ドライバーが意外と少ないようです。アッアッアッと叫ぶだけでブレーキを踏まず、コツーンとやるというパターンです。危ないと思ったら、かまいませんから、躊躇せず、思い切ってブレーキを踏んでください。そのためのゆっくり運転なのですから。

苦手克服⑦

狭い道で対向車とうまくすれ違えますか

前のほうにクルマが何台か詰まり、すれ違いでめんどうなことになっているのに、わざわざそのめんどうな場所にクルマを突っ込み、ますますどうにもならなくさせてしまうドライバーがいます。まわりのドライバーはうんざりすることでしょう。ちょっと待てば状況が改善され、スムーズにすれ違えるようになるというのに。すれ違いで重要なのは状況判断です。こういう状況では、まず離れたところで待ちましょう。よく見てから行動すればいいのです。

すれ違いの状況判断がうまいのが、路線バスの運転手さんです。バスの運転手さんは毎日、その道を通い慣れたプロですから、じつにうまくすれ違ってくれます。もし、バスの運転手さんがバックしてくれとか、前に進んでくれと指示するようなら、その指示にしたがってください。プロがそう頼んでいるということは、それ以外に方法がないということなのです。待つべきか行くべきか、状況判断さえできれば、実際にすれ違うのは、じつはそれほどむずかしくありません。

狭い道であっても、物理的にすれ違えるだけの幅はじゅうぶんにある場合、すれ違いにはコツがあります。すれ違いがいやなのは左側に寄せようとしても、自転車が置いてあったり、側溝などがあったりするからです。左側の塀にこすってしまったり、溝に落ちそうで怖いのです。しかし、こういう場合はむしろ逆にセンターラインに寄せて、お互いにギリギリまで近づいてすれ違うようにすればいいのです。クルマの右側は直接、自分の目で確認できるので見やすく、左側よ

相手の進路をふさがないように

りずっと近くまで寄せられます。それは相手のドライバーも同じことです。ミラーとミラーが数センチというところまで寄せ合えば、まずたいていのところは切り抜けられます。要は見にくい左側に、無理をして寄せなければいいのです。

もっと狭い道で、電柱や駐車しているクルマなどがある場合。自信がなかったら相手がすれ違いしやすそうなところに止まって、相手に先に行かせましょう。ただ、ここで大事なのは、お互いのクルマの角度をできるだけ平行にするということです。相手の進路をふさぐような形でクルマを止め、さあ、行ってくださいと言われても、相手のドライバーは困ってしまいます。

とはいえ、すれ違えるかすれ違えないかを判断する基本は、やはり車幅感覚です。車幅感覚を鍛えるには、あなたのクルマを左側ギリギリどこまで寄せられるか、クルマから降りて、自分の目で確認することです。これを何度かおこなえばだんだんわかってきます。どこか広い駐車場のようなところで、段ボールの箱などを置いて試してみてください。ご家族や友人に協力してもらうといいでしょう。

苦手克服⑧

駐車がちゃんとできますか

国土の狭い日本では、どうしても駐車スペースに余裕がなく、都市のドライバーはこれに苦労させられます。アメリカあたりではおおかたの駐車場は斜めに前から突っ込む形式なので、お年寄りから初心者までらくらく駐車ができ、うらやましいかぎりです。

多くの女性ドライバーはこの駐車が苦痛なようで、駐車場に入れることを考えると、ついついクルマで出かけるのがおっくうになってしまうという人が少なくありません。しかし、クルマは乗ってナンボのものです。いつでも行きたいときに行きたいところに出かけられてこそ価値があります。もっと自由にクルマを使えるように、あなたの苦手を克服してください。

駐車の形式は斜め駐車、横列駐車、縦列駐車の三つですが、日本の狭い駐車場はおおかたバックで入るのが基本です。ファミレス、コイン駐車場、道路のパーキングメーター等々、ことごとくそうですね。よく、どうしたって入りようもない横列駐車のスペースに前から突っ込もうとして悪戦苦闘している女性ドライバーを見かけますが、たいていは無理。幸いにして、ようやく入れることができたとしても、出るときは入ったとき以上の苦労を強いられることになります。とくに、縦列駐車の場合は頭から入れるのは絶対に無理です。

バック駐車をするのには理由があることを知ってください。狭いスペースにクルマを入れるには、前から入れるより後ろから入れたほうがずっと入れやすいのです。クルマの内輪差という言

縦列駐車もコツさえつかめばうまくいく

葉をご存じですね。クルマが曲がるとき、前輪より後輪のほうが内側を回るという性質です。よく初心者が左折のさい、電柱や塀の角などでクルマの左側をこすってしまうのは、この内輪差のためです。駐車する場合もこの内輪差が邪魔して、車体が隣のクルマにつっかえるため、狭いスペースには頭から入れにくくなるわけです。これがバックなら、内輪差がなくなりますから、狭いスペースにもらくらく鼻先を（クルマの後ろを）突っ込めるのです。

それぞれの駐車の仕方については後の項目で詳しく触れますが、駐車がらくらくできるようになるために、まずバックがうまくできるようになりましょう。これはなんといっても練習のひと言につきます。ご家族や友人に手伝ってもらい、どこか広い場所で練習をくりかえしてください。縦列駐車はなかなかたいへんですが、横列のバック駐車についてはすぐにツボがわかるはずです。また、一人のときはかならずいったん降りて、どうなっているのか自分の目で確認することです。これを二、三回くりかえせば、かならず一発で入れられるようになります。

苦手克服⑨

高速道路への進入でアクセルを踏み込めますか

一般に攻撃的な性格の強い男性と異なり、女性は気持ちがやさしく、防衛的だからでしょう、どうも思い切ってアクセルを踏むことが苦手のようです。まあ問題なく運転できるレベルにある女性でも、なぜかアクセルをしっかりと踏みたがらないことがほとんどなのです。「スピードを出すのは危険だ」「怖い」という固定観念があるためでしょう。しかし、状況によってはスピードを出さないほうが、はるかに危険な場合もあることを知っておいてください。

その代表的な例が高速道路への合流です。高速道路の合流では、アプローチゾーンに入ったらとにかく強く加速し、スピードをあげて流れに入っていくことが大事です。ここでアクセルを踏むのをためらい、本線の流れより遅いスピードで合流するのはなによりも危険です。本線を走っているクルマの進路をふさぐかたちになるからです。後続車にブレーキを踏ませたり、回避するため無理な車線変更をさせたら、事故の危険が大幅に増してしまうのです。

もし、アプローチゾーンで前にとろとろ加速しているトラックなどがいたら、少しトラックとの間を空け、加速するための距離をとりましょう。ウインカーを出したら、グッとアクセルを踏み込んでください。左ページの図でいえば、Ⓐから加速してⒷまでの間に本線に入らなければなりません。Ⓒで本線上の図の位置に①のクルマと②のクルマが見えたとします。①の前に出るのが無理ならば、①と②の間に入るしかありませんが、Ⓒの地点で①と並んでいても、このときはまだ①や②のほうが速いのです。追いかけて間に入るためには、本線より速い速度までさらに加速しなければならないことがわかるでしょう。

　そのために思い切って、短時間のうちにスピードを上げてください。できれば本線より15〜20%は速い速度がほしいところです。本線より速い速度で合流してくれれば、後ろの②からみてあなたのクルマは遠ざかっていくわけですから、②のクルマにもらくです。けっして②のクルマをドキッとさせるようなことはしてはいけません。そのためには、②との間隔を確保するために、①のすぐ後ろを目指して加速することも重要です。

　そのスピードを維持したまま、ルームミラーとドアミラーで②のクルマを確認します。そしてなるべくゆるい角度で本線に入っていきましょう。合流を早くすませようとあせってハンドルを切り、急角度で入るのは危険です。こちらが本線より速いスピードに乗っていれば、追突される危険はありません。そして合流しおえたら、流れに合わせてスピードを落とします。

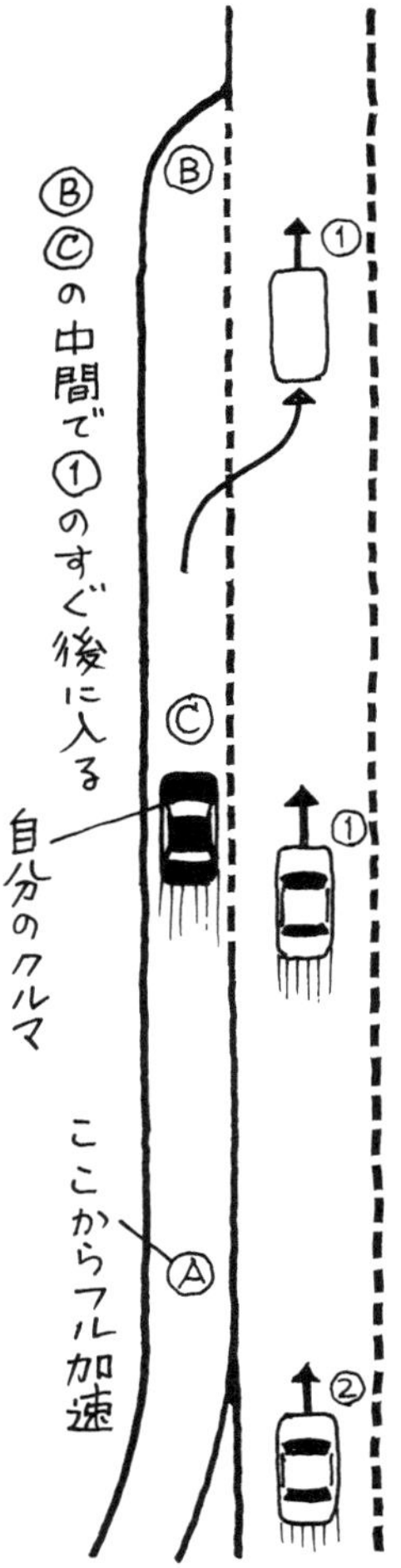

とにかくアクセルを深く踏む

第3章

女性のための
基本運転テクニック

説明書を読まないとつまらない事故を起こす

いつもと違うクルマに乗ると、操作法がわからなくてどうしてもまごつきます。ガソリンの給油口はどうやって開けるのか。トランクはどうしたら開くのか。雨の日にエアコンで窓の曇りを取りたいのだけれど、どうしたらいいのだろう、などなど。

さすがにクルマは一世紀以上の歴史を持った道具ですから、エンジンのかけ方、トランスミッションの操作法、ワイパーやライトの点灯などはどのクルマでも統一されており、困ることはないでしょう。しかし、ステレオやカーナビの操作は車種によってまちまちで、初めて乗ったクルマでは、とまどうことがたびたびあります。私は一年間に何十台ものクルマを試乗してきましたが、そのたびにまごつかされるのがカーナビとステレオです。ラジオのスイッチがどこにあるのかわからず、試乗している間じゅう、ラジオを消せずじまいというもよくあります。

たかがラジオのスイッチなどといってバカにできません。運転中、操作がわからず、あれこれ探していると注意がおろそかになり、つまらない事故を引き起こしかねないのです。

これらクルマの機能、操作法はマニュアル（取扱説明書。略してトリセツ）に、わかりやすく書かれています。クルマにはかならずマニュアルがついてきます。クルマを買ったら、まずはマニュアルを一読してください。クルマの機能、操作法のほかに、各種警告ランプの示す意味と対応法、ヒューズの交換法、オイルの交換時期、クルマがパンクしたときのジャッキアップポイント

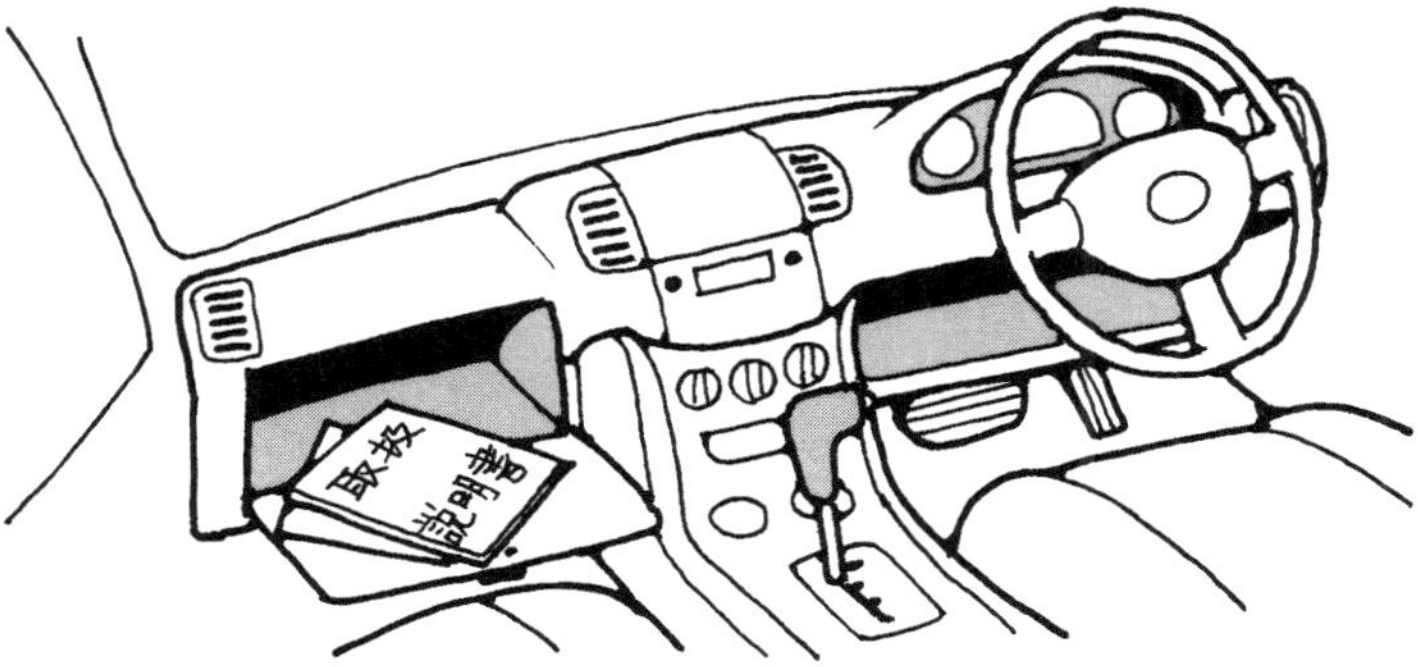

マニュアルはいつでも見られるようにしておく

など、大事なことがすべて載っています。

とくにクルマの故障やメンテナンスの時期を示す警告ランプの意味は重要です。大事な機能に支障が出ているのに知らずに走ってしまうなんてことがないように、警告ランプの意味を知っておいてください。

また、意外と女性が知らないのが、雨の日に起こる窓の曇りを取る方法です。視界の悪い雨の道を、ハンカチで窓を拭きながら運転するなんて危険です。窓の曇りはエアコンを効かせれば、ものの数秒で取れます。このやり方もマニュアルを読んで知っておきましょう。

これらの事柄は、そのクルマに乗る人がひととおり心得ておくべきことです。一般に女性はクルマの機能やメカニズムについて、ほとんど興味を持たないようですが、クルマの運転がうまくなるには、メカニズムを理解しておくことが大事です。一読した後も、マニュアルはダッシュボードの中に入れて、何かあったらすぐ見られるようにしておきましょう。

中古車を買ったけどマニュアルがついていないという場合は、メーカーに注文してください。たいてい手に入ります。

女性にありがちな「アゴ突き出し型」では上達しない

小柄な人もいれば、のっぽの人もいます。足が長い人もいれば、短い人もいます（私はその代表選手です）。人の体型はさまざまですから、乗用車のドライブシートはかならず前後あるいは上下に動かせて、それぞれのドライバーに合った理想的なドライビングポジションをとれるように設計されています。なかにはハンドルを上下、前後方向に調整できるクルマさえあります。

そこまでしていろいろな調整機能がついているのは、クルマの運転にとってドライビングポジションがきわめて大切だからです。ドライビングポジションがぴったり決まっていないと、ハンドル操作が遅れたり、ブレーキを思い切り踏まなければならないときに腰が浮いて、ブレーキを効かせられなくなってしまいます。これは３００km／hでサーキットを走るＦ１ドライバーも、50km／hでゆっくり走る普通のドライバーも、まったく同じことです。

ドライビングポジションは人によってそれぞれ少しずつ違いますが、その基本は同じです。ハンドル操作がスムーズにおこなえ、アクセル、ブレーキを的確に踏め、かつよい視界が得られ、各種のスイッチ類に無理なく手が伸びることが大事です。

私の見たところ、多くの女性ドライバーはドライビングポジションが前に出すぎているようです。シートをギリギリいっぱい前まで出し、バックレストをいっぱいに立て、腰の下に座布団を敷いて、ハンドルを抱え込むようにしてというスタイルです。なかには、さらにアゴも突き出し、

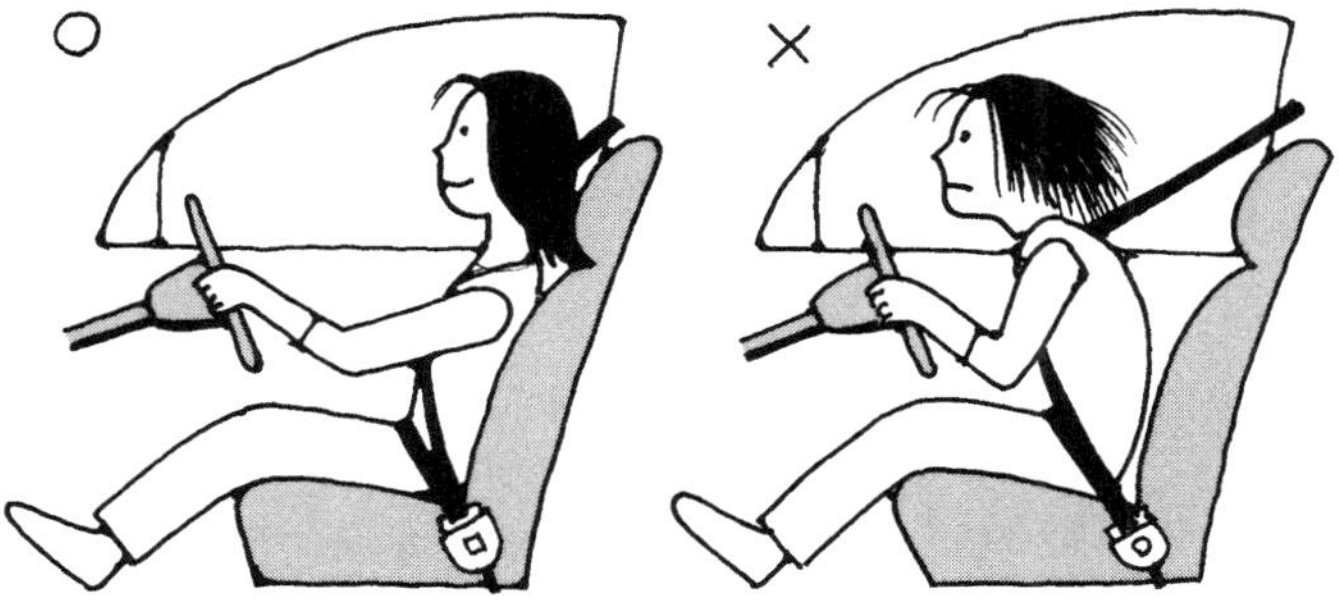

ハンドルを抱え込んではいけない

フロントグラスに顔がぶつからんばかりにして走っている人もいます。これじゃカッコ悪いばかりでなく、危険です。

これはクルマのすぐ前ばかり見ようとしているからです。クルマのすぐ前を見なければならないのは駐車場や自宅の車庫に入れるときぐらいです。実際に50km／hぐらいで走っているときは、クルマの50mくらい先を見なければなりません。アゴを突き出していては、とうてい よい視界は得られません。またハンドルにしがみつくようにしていると、いざというときスムーズですばやいハンドル操作ができず、危険を回避することができません。

またこれとは逆に、必要以上にバックレストを倒して、ハンドルにようやく手が届くというポジションの人もいます。これは若い男性に多く、きっとF1レーサー気取りなのでしょうが、これでは衝突したときシートベルトを下からくぐり抜けてしまい危険ですし、これまた的確なハンドル操作ができません。どちらも基本がなっていないのです。いくら慣れているとはいえ、基本から外れたポジションでは運転は上達しません。次の項を参照して我流を修正してください。

シートを後ろにずらすと、運転がらくで安全になる

まず、シートの前後調整ですが、右足でしっかりブレーキが踏めるかどうか、確認してください。といっても動くのはひざから下で、太ももが動くようではいけません。かかとを床につけたまま、足首をひねって、アクセルからブレーキ、ブレーキからアクセルと移し替えるのが基本です。このときギクシャクするようでは、明らかにシートが前に行きすぎています。

それからバックレストの角度を調整してください。片手でハンドルの上を押さえて、肘が少し曲がるぐらいの位置がベストです。両腕でハンドルを握ったとき、背中とお尻がシートにぴったり密着していますか。体がシートから浮いていると、カーブを曲がるさい体がふられて、ハンドル操作がうまくいきません。体とシートのあいだに隙間がないように調整します。

シートの高さを調整できる機構がついているクルマは、ここで高さを調節してください。私はよい視界が得られる高いポジションが好きです。最近の国産車は昔にくらべて、シートが高くなりました。視点が高くなるととても運転しやすく、ありがたいことです。

ハンドルを両手で握り、回してみてください。余裕をもって回せますか。ブレーキを踏んでみてください。強く踏み込めますか。力を込めたらお尻が持ち上がりませんか。どうもしっくりこないようでしたら、ベストの位置を探して、この三つをそれぞれ何度か調整してください。自分に合ったドライビングポジションを探すときは神経質なぐらいでいいのです。

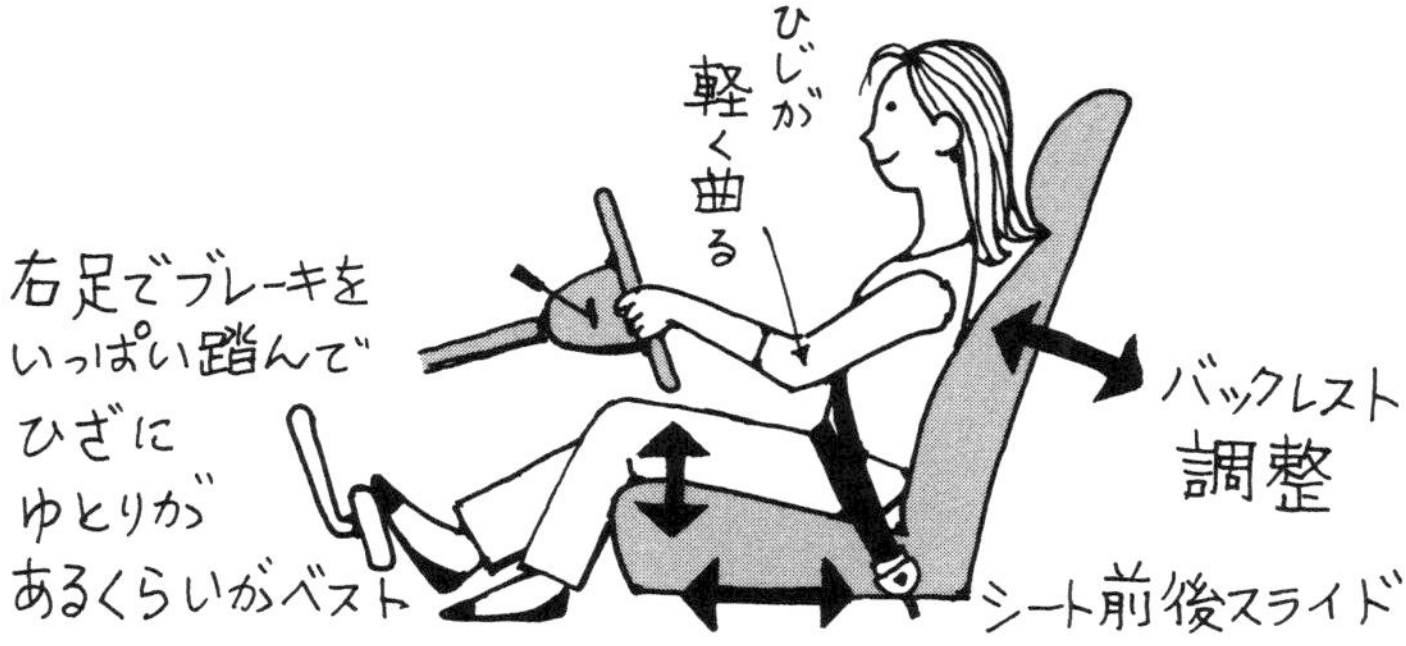

これが正しいドライビングポジション

ヘッドレストの高さは首ではなく、しっかり後頭部にくるように。これで後ろから追突されたときも、むち打ちの危険が減ります。ハンドルの上下調整のできるクルマは、下に下げるとメーターが見えにくくなってしまうことがあります。メーターがはっきり確認できる範囲内で調整してください。最後にシフトレバーを動かしてみてください。らくに操作できたらそれで完了です。

これがベストポジションです。このポジションはそれまでハンドルにしがみつくようにして座っていた人には、最初、すこし違和感を覚えさせるかもしれません。しかし、二、三週間、このポジションで運転していると、あっというまに慣れると思います。

このポジションのメリットは的確なハンドル操作がしやすいこと、よい視界を得られることだけでなく、不幸にして事故にあったとき自分の身を守りやすいところにあります。すわ衝突というときはブレーキを思い切り踏み込み、両腕を突っ張ってシートに体を押しつけてください。それだけでドライバーの受けるダメージはかなり軽減されるハズです。

シートベルトをしないなんて自殺行為も同然

オートマチックトランスミッション、エアコン、パワーステアリングなど、現代のクルマはありとあらゆる装備がついて、きわめて快適になりました。さらには走行安定性もＡＢＳ、トラクションコントロール、アクティブサスペンションなどという名前の、新しいテクノロジーが登場して格段に向上しています。なかには自動運転の入り口にさしかかったといえるクルマも登場しています。誕生して一〇〇年以上がたち、クルマは飛躍的に進歩しました。

ところが、それでもクルマは依然として事故を起こし、乗員を傷つけます。いかに現代のクルマの安全性能が向上しているといっても、１００km／ｈでコンクリートの壁に激突すれば、どんなクルマでも乗員の生還は期待できないのです。

その事故の衝撃を軽減してくれるほとんど唯一のものがシートベルトです。シートベルトなしでクルマに乗るのは自殺行為も同然です。最近はエアバッグがほとんどのクルマにつくようになりましたが、これとて完全なものではありません。あくまでシートベルトの補助装置です。エアバッグが正しく機能するためには、シートベルトをしていることが前提なのです。

シートベルトは少なくとも55km／ｈ以下の衝突事故では、かなりの確率で乗員の生命を守ってくれます。クルマの衝突の衝撃はすごいものです。たとえ20km／ｈぐらいで電柱にドンとぶつかっても、前席の人がフロントグラスに頭をぶつけてガラスを突き破ってしまうほどです。しかし、

同乗者にもかならず装着させること

シートベルトを正しくつけていれば、衝突のさいフロントグラスに頭を突っ込むようなことはありません。高速道路の100km／hではほとんど意味がないんじゃないのと、妙なことを言う人もいますが、高速道路の衝突事故でもかならず直前に急ブレーキを踏みます。だから本当に100km／hでぶつかることはまれですので、効果を期待できるのです。

シートベルトはドライバーだけでなくすべての乗員に着用させてください。着用しないなら乗せてあげないぐらいでいいのです。後部座席も着用しないと、衝突事故のさい後席から前に飛び出し、前席の人を猛烈な勢いで直撃します。

最後に、大事なことですが、シートベルトをするときは正しくつけてください。肩のベルトが首にかかっていませんか。下のベルトはお腹ではなく、ちゃんと腰骨にかかっていますか。首や腹にかかっていると、衝突の衝撃がそこに集中してかえって危険です。たいていのクルマはシートベルトの肩のところが調整できるようになっていますので、ベルトが首にかからないように調整してください。またシートに深く腰掛けて、ベルトが左右の腰骨を通るようにしてください。

ハンドルにしがみつくから、クルマがふらつくのです

正しいドライビングポジションでシートに座ったら、次はハンドルの持ち方です。教習所では10時10分の位置で握れと教えていますね。もちろんこれは正しいのです。しかし、私はべつに10時10分だけをかたくなに守る必要はないと思います。10時10分のほかに10時20分、9時10分、9時15分など、ハンドルの円周をなるべく広く、両手でしっかり握るようにしていれば、どれでもいいのではないでしょうか。

長距離ドライブのときなど、ずっと10時10分の位置を守っていると疲れてしまいます。私の場合は10時10分でも、9時20分でも、あるいは9時10分でも、そのときの気分で握り方を変えています。ただ、いくら疲れるからといって、ハンドルの下を両手で持つような握り方はやめてください。一見、運転に慣れているように見えますが、これではハンドルをとっさに切らなければならないときに、あわてて持ちかえなければならず、対応が遅れて危険です。

またハンドルの上に両手を置くようにして、ハンドルにしがみついている人がいますが、これも同様、とっさのときの対応ができません。

女性のなかにはハンドルを強く握りしめ、肩に力が入りすぎている人がいます。まっすぐ走ろうと緊張してのことでしょうが、これは逆効果。かえってふらついてしまいます。クルマのハンドルは、走っているときはつねに直進位置へ戻るように作られています。ハンドルをいったん切

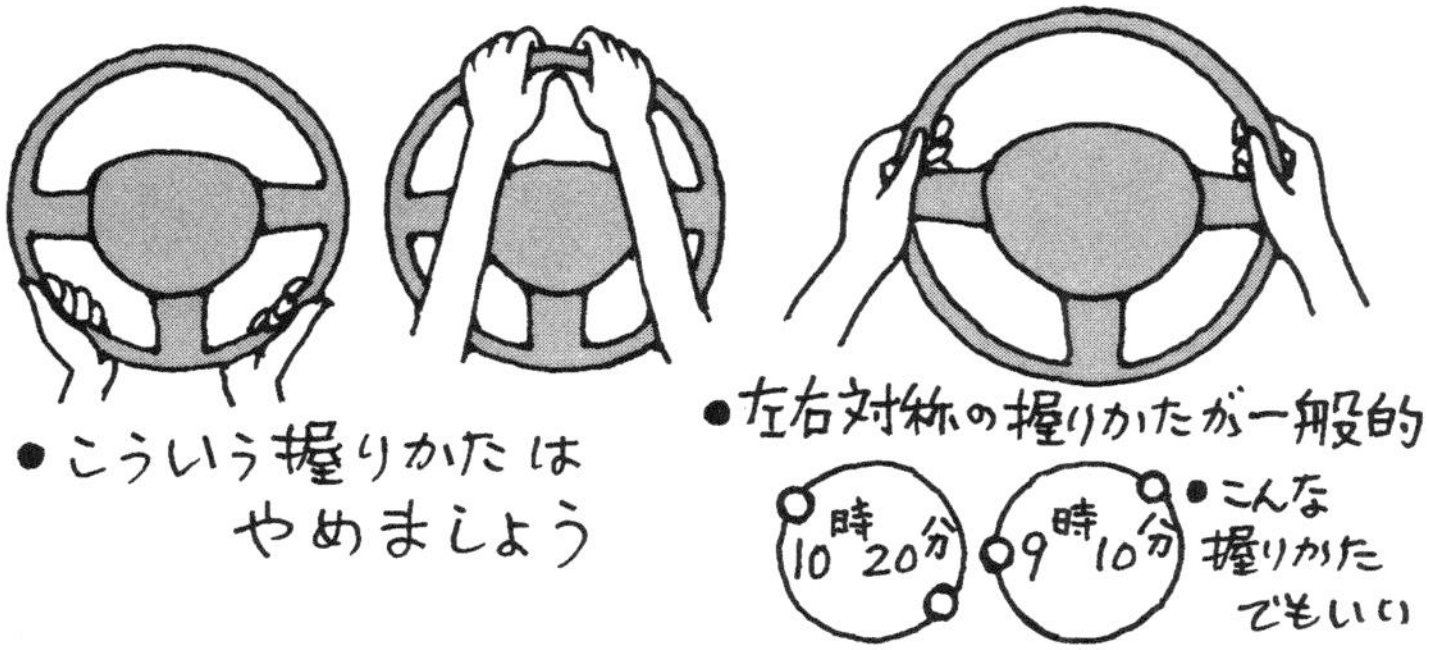
●こういう握りかたは
やめましょう
●左右対称の握りかたが一般的
10時20分
9時10分
●こんな
握りかたでもいい
10時10分にこだわることはない

って、走りながらそのまま手を離すと、スルスルスルと元に戻ろうとするでしょう。この動きがあるから、クルマはまっすぐ走れるのです。

それなのにハンドルをグッと握ったまま、肩に力を入れていると、ハンドルがまっすぐの位置まで戻ることができず、ふらつくわけです。肩の力、腕の力を抜いて、ハンドルが戻ろうとする力を殺すことなく滑らせてやると、クルマはごく自然にまっすぐ走ってくれます。

よく見るのが逆手ハンドルです。これもやめてください。逆手ハンドルはかつてパワーステアリングが一般的でなかったころ、駐車やスエ切り（クルマを停止したままハンドルを切ること）のとき、重いハンドルをエイヤッとばかりに回すためのものでした。逆手ハンドルをすると、なにやらハンドル操作がらくなような気になりますが、それは錯覚です。いまのクルマは例外なくパワーステアリングがついていますから、ハンドルを回すのに腕力はいりません。この逆手ハンドルが癖になってしまうと、これまた、いざというとき的確なハンドル操作ができなくなります。

段ボール箱を使ったハンドル操作練習法

曲がりくねった街路、狭い道でのすれ違いなど、タクシーの運転手さんはじつにハンドルさばきが上手です。さすがプロとはいえ、見ていてほれぼれします。なぜ、彼らはハンドルさばきが見事なのでしょう。それは彼らがギリギリの車幅感覚、そしてハンドルを切ったときの車体のふくらみかたを感覚的にしっかり身につけているからです。低速でのハンドル操作は、ハンドルの切り方によってタイヤがどのような軌跡をえがくのか、クルマの四隅がどのあたりを通るのか、その感覚さえ身につけてしまえば、格段に上達します。

それを少し詳しく説明すると、①車体の前後ギリギリはどのあたりか。②左側ギリギリはどのへんか。③大きくハンドルを切って左側に曲がるとき、ボディの左側（前後のドアのあたり）がどのくらい内側に切れ込むか（内輪差）。④ハンドルを右に（あるいは左に）大きく切ってバックするとき、左端（右端）がどのくらいふくらむか（外輪差）。ということになります。④についてはは右側もありますが、これは運転席から直接、目で見えますから、まず問題はないでしょう。

この感覚を鍛えるには、段ボール箱を使った練習をおすすめします。どこか広い場所で、段ボールの箱をいくつか置いてコースを作り、実際にクルマを箱にぶつけて試してみてください。

②については、段ボールの箱にどこまでぶつからずにバックできるか試してみてください。実際にぶつかるところは思っていたよりかなり近いはずです。何度かくりかえすと、最後には10㎝

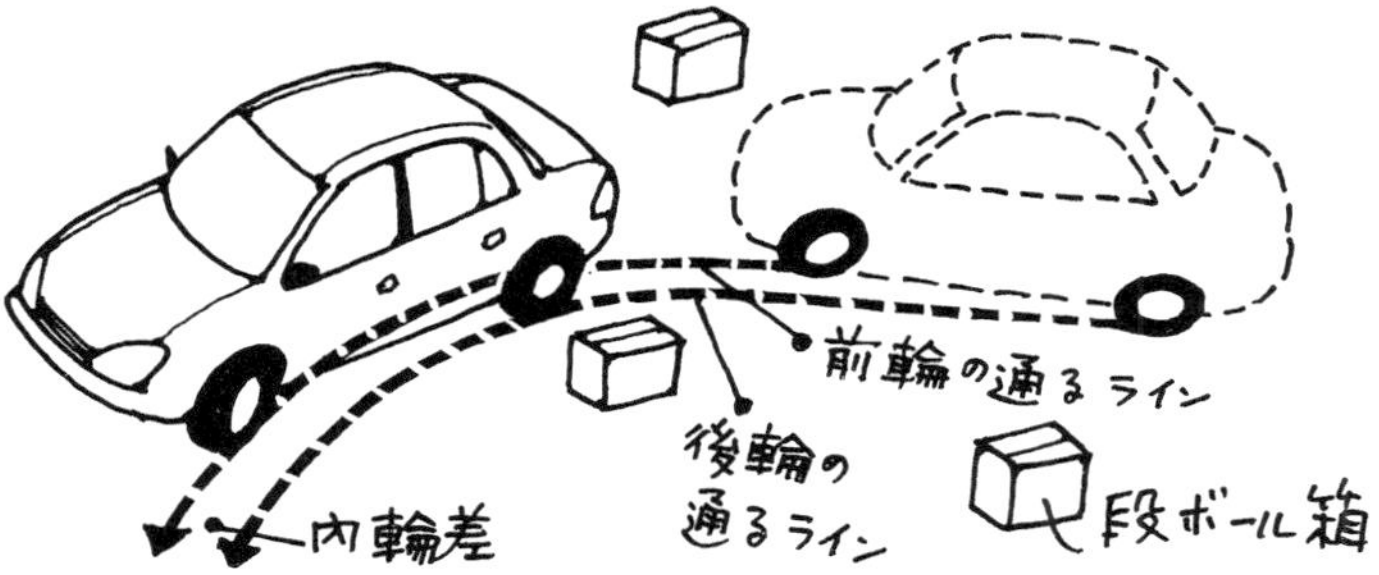

段ボール箱にぶつけると感覚がわかる

ぐらいのところでピタリと止められるようになるはずです。前についても同じです。

次に段ボールを2・2mぐらいの幅に並べ、その間を通り抜けてみてください。これで左側の限界がつかめるようになります。2・2mはかなり大きなクルマでもすり抜けられる幅ですが、運転席から見ると、とても狭く見えるはずです。

次に幅3mぐらいの仮想駐車場を作って、そこにバックで入る練習をしてみましょう。自分のクルマの後ろがどこまで来たときにハンドルを切れば、段ボールにぶつからず後ろを入れられるかがわかります。逆にそこから出るとき、まっすぐ出るのではなく、ギリギリどこまでハンドルが切れるか試してみてください。内輪差の限界がわかります。

ここで鍛えた感覚は、急角度で曲がっている狭い道、あるいはバック駐車や縦列駐車のとき、どうハンドルを切ればよいかを教えてくれます。人間の感覚というのは不思議なもので、いったん身につけた車体の感覚は、べつの大きなクルマに乗ってもある程度同じように通用します。たとえ軽自動車で練習しても、それは大きなクルマに応用できるのです。

送りハンドルは禁じられたテクニックか

クランクや車庫入れなど、低速で大きくゆっくりハンドルを切るときは、左右の腕をバタバタと交差させながらやりますね。かならず教習所で教えるヤツです。これに対して比較的速いペースで走る山道などではもっとすばやい操作が必要になりますが、それには私は「送りハンドル」も悪くないと思います。手を持ちかえてハンドルを送るように操作する方法です。

送りハンドルは日本の教習所ではやってはいけないと禁止されていますが、じつはイギリスなどのヨーロッパではハンドル操作の基本なのです。これは比較的ハイスピードで走ることの多い、外国の交通事情を反映しているからでしょう。そうです。送りハンドルはすばやくハンドルを切ることができ、コーナーを速く走るのに適した方法なのです。

同じコーナーをゆっくり走るのと、速く走るのとでは、ハンドルを切るタイミング、切る速さが違います。たとえば60km／hと30km／hでは、ハンドルを切りだすタイミングは4～5m手前から、切るスピードは倍の速さでなければなりません。ところが、おおかたの初心者は30km／hのときとあまり変わらないタイミング、スピードで切ってしまいます。いわゆるハンドルが遅れるというヤツで、そのためクルマはコーナーの外に飛び出してしまうことになるのです。こういう場合は、送りハンドルですばやく切ってやりましょう。

送りハンドルの操作法は二通りあります。「引っぱり型」（図A）と「しぼり上げ型」（図B）で

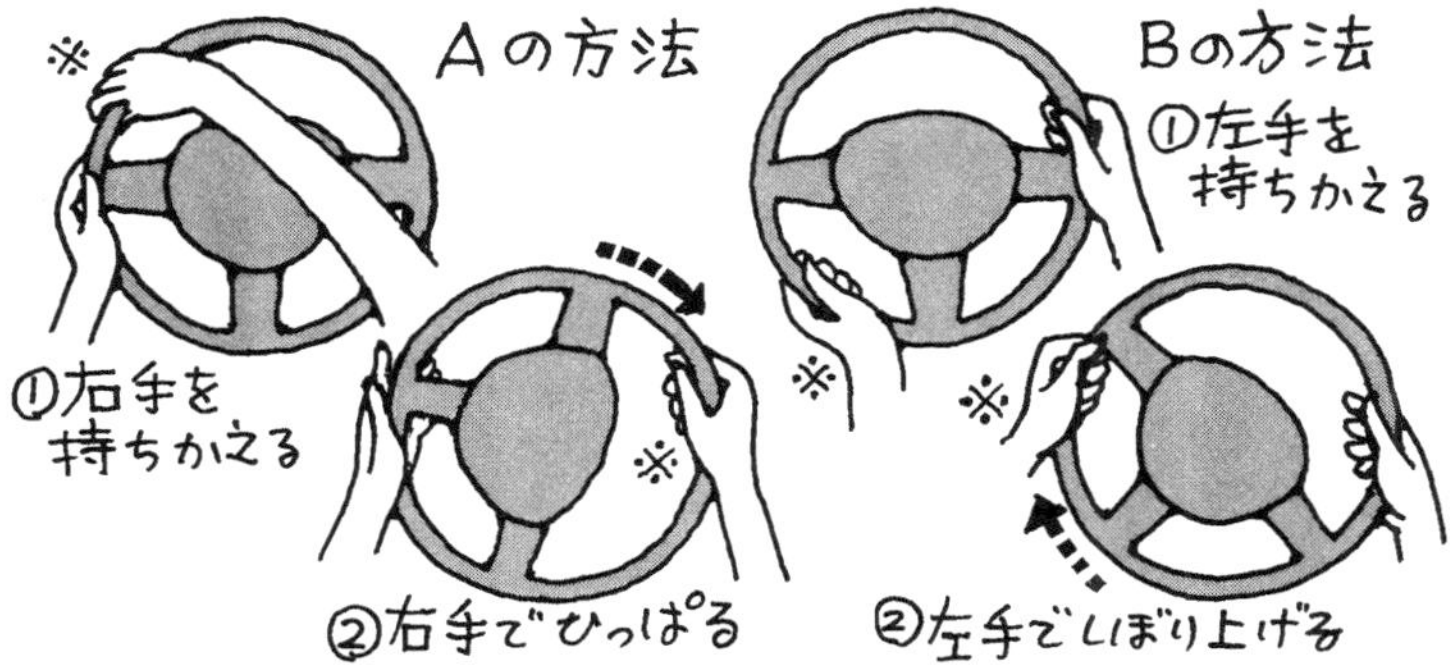

「送りハンドル」の二つのやり方

す。引っぱり型は以下の通り。コーナーに近づいたら（右カーブの場合）、右手を左手の直前までずらします。そのずらした右手で必要なだけ切ります。そのとき左手は軽くハンドルに添えて、10時ぐらいの位置のまま動かさず、手のなかをハンドルがすべるようにします。引っぱり型のいいところは、コーナーの真ん中で両手が理想的な位置にあることです。

次のしぼり上げ型。コーナーに近づいたら（右カーブの場合）、左手をハンドルの7時のあたりにずらして、コーナーを待ちます。ハンドルを切り出すタイミングになったら、左手を上向きにずらします、そのとき右手は、やはりハンドルを手の内ですべらせるようにして、コーナーの真ん中では、10分か15分あたりの位置にとどめておきます。

いまのハンドルはパワーアシストがついて、回転させる量も少なくてすむので、送りハンドルがやりやすくなりました。送りハンドルのいいところは、ハンドルさばきがバタバタしないですむということです。送りハンドルでスムーズにクルマを操る女性は、とてもエレガントに見えますヨ。

アクセルを奥深くまで踏み込めますか

とにかくゆっくり走ってさえいれば安全、そう思ってはいませんか。確かにスピードの出しすぎは危険ですが、強い加速ですばやくスピードを上げなければかえって危険な場面もあります。狭い道から幹線道路へ出て流れに乗るとき、高速道路への進入、加速しながらの車線変更のときがそうです。こういう場合、低いギア（4速よりも3速、3速よりも2速が低いギアということになります）を選んで走ると、強い加速を得ることができ、うまくいきます。

これはマニュアル車のドライバーなら誰でもやっていることなのですが、いまやほとんどのクルマがオートマチック車やCVT車です（CVTについては200頁参照）から、ギアを自分の意志で選ぶということを忘れているようです。

しかし、オートマチックやCVTでもアクセルの踏み方ひとつでクルマを低いギアで走らせることができます。アクセルを強く踏むだけでいいのです。すぐさま低いギアに変速されて、クルマは力強く加速してくれます。

これをキックダウンと呼ぶのですが、多くの女性ドライバーはアクセルをおずおずとしか踏まないため、このキックダウンがおこなわれないのです。キックダウンするとエンジンの音がガーッと高まりますが、気のやさしい女性ドライバーはそれが怖いのかもしれません。でも、心配することはありません。クルマは壊れたりしませんし、ハンドルさえしっかり保っていれば、まっ

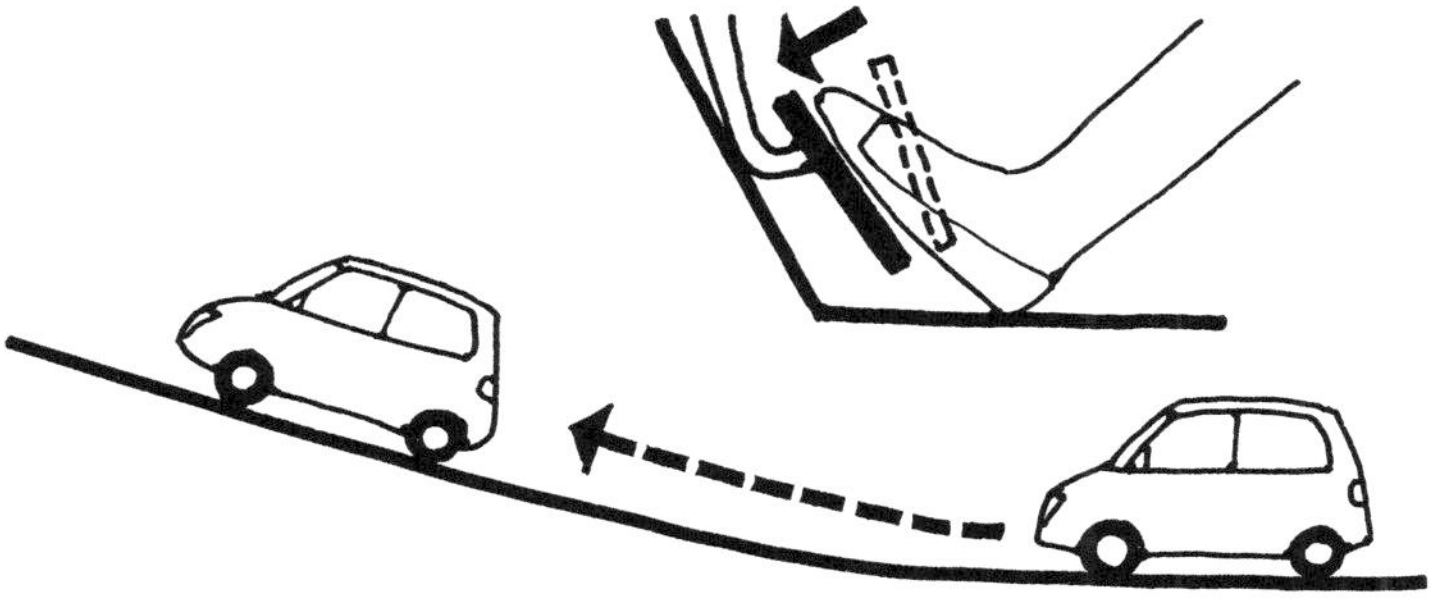

意識して低いギアを使ってみよう

すぐ走ってくれます。必要とあれば、恐れずエンジンの音が高まるまでアクセルを踏むことが大事なのです。

いまのオートマチック車やＣＶＴ車は、なるべく燃費のいい高いギアで走るように作られています。アクセルを深く踏み込まない限りいちばん高いギアで走りますから、高速道路への進入や追い越しのときには、キックダウンさせないといつまでたってもスピードに乗れず、危険なのです。

キックダウンさせるほどの加速が必要でなくても、漫然としたアクセル操作が他の人の迷惑になってしまう場合もあります。高速道路の長い上り坂では、よく自然渋滞が発生しますが、これはアクセルを漫然と踏んでいて、自分のクルマのスピードが落ちていることに気づかないドライバーがいるためだと言われています。たった一台、スピードの落ちたクルマがあると、次のクルマ、その次のクルマと、数珠つなぎで速度低下が起き、渋滞してしまうというわけです。

高速道路で上り坂にさしかかったと思ったら、ほんの少しでいいですからアクセルを多めに踏み込んでください。それだけで、他の人の迷惑にならなくてすむのです。

急

ブレーキ操作①

ブレーキを力いっぱい踏めますか

私は多くの女性ドライバーの運転を見て、彼女たちはブレーキというものの性質を知らないのではないかと疑っています。ブレーキは強く踏めば強く効くのです。たとえば、前に子供が飛び出してきたとき。こんなとき誰でも急ブレーキを踏むと思います。しかし、多くの女性はあわててブレーキを踏んでも、へなへなと踏むだけです。踏み込みが足りなければブレーキがじゅうぶん効かず、そのままドスンと子供をハネてしまいます。

こんなときはとにかく力いっぱい、ガツンとブレーキを踏まなければなりません。このように重大な危険を避けるため思い切りブレーキを踏み込むことをパニックブレーキといいます。おおかたの事故はブレーキの踏み込みが足りないために起きると言われています。ブレーキが効かないのではなく、ブレーキの効かせ方が足りない、つまりパニックブレーキを踏めていないのです。

私の女房が免許を取ったとき、ひとつだけ教えたのがパニックブレーキでした。深夜、クルマのほとんど走っていない環状七号線へ行き（当時はまだこの道もすいていました）、パニックブレーキの練習のため、60km／hぐらいから二回ほど思い切りブレーキを踏ませました。教えたことはそれだけですが、以後、女房は電柱でボディをこする程度のトラブルはあっても大事にいたることはなく、まず大過なくクルマを運転しつづけています。

多くのドライバーは（男性もです）、深刻なパニックブレーキを実際に経験していません。その

腰をバックレストに押しつけて思い切り踏む

ため、いざというときに足も折れよとばかりにブレーキを踏めないのです。これはひとつには現在の自動車教習所のカリキュラムにも問題があります。40㎞／hぐらいからじんわり止めることしか教えないのですから。

パニックブレーキを経験しておくには、交通安全協会やJAF、自動車メーカーなどがテストコースなどを使っておこなうドライビング・スクール（安全運転講習会）に参加するといいでしょう。この種のスクールでは、かならず高速からの急ブレーキをインストラクターが同乗して体験させてくれます。コース上に水を撒いて、濡れた路面での急ブレーキがどんなものかも体験できます。短時間でおこなうもの、一日コースとか、一泊二日コースなど、いろいろありますが、私の女房の場合は泊まりがけでBMWのドライビング・スクールに参加してきました。

むろんパニックブレーキなど踏まずにすめばそれにこしたことはありませんが、あなたが絶対に事故に巻き込まれないとはかぎらないのです。ぜひ一度この種のドライビング・スクールで体験しておいてください。

ブレーキを革命的に進歩させたＡＢＳとは何か

近年、ブレーキは格段の進歩をとげました。それはほとんどのクルマのブレーキにＡＢＳという装置がつくようになったことです。ＡＢＳとはアンチ・ブロッキング・システムの略称です。前項でパニックブレーキはともかく思い切って踏めと書きましたが、これは、いまではほとんどのクルマのブレーキにＡＢＳがついているからできることなのです。ＡＢＳがないころは、何も考えずに思い切りブレーキを踏むなんて、とても恐ろしいことだったのです。

ＡＢＳのついていないクルマで、１００㎞／ｈとか１２０㎞／ｈの高速で走っているとき、一気に強いブレーキをかけると、何が起きるでしょうか。まず、たいてい後ろのタイヤがロック（タイヤの回転が止まってしまうこと）して、後輪が滑りだしてしまいます。このときハンドルがまっすぐに保たれていないと、車体の後部が右か左に横滑りし、スピンとあいなります。かりに後輪が横滑りしなくても、４輪がロックしてしまうとハンドルはまったく効きません。

そこでレーシングドライバーは、急ブレーキをかけながら一瞬ブレーキをゆるめてやり、その間にハンドルを効かせてクルマをまっすぐに立て直し、ふたたび強くブレーキを踏むということをします。しかし、そんな芸当をやってのけられるのは、限られたごく一部の人たちだけです。

ＡＢＳはこのレーシングドライバーにしかできなかった、一瞬ブレーキをゆるめてふたたび踏むという芸当をコンピュータが自動的にやってくれるシステムです。これによって、パニックブ

ABS はタイヤのロックを防ぐ画期的な装置

レーキを踏んだときもクルマがスピンしづらく、ハンドルでクルマの進む先をコントロールできるようになったことが、最大の進歩なのです。ただ、ＡＢＳがついていても、止まるまでの距離が劇的に短くなるというわけではありません。雪道や砂利道ではかえって長くなることもあります。しかし、ブレーキング中にハンドルが効かせられるというのは、なんといっても大きなメリットなのです。

ＡＢＳは、ハンドルが効かなくなる原因である、タイヤのロックを防いでくれるシステムです。タイヤがロックすると、それをコンピュータが感知し、一瞬ブレーキをゆるめてタイヤを回してやります。そしてふたたびブレーキを締めつける……この作業をコンマ何秒という短い時間に何度もくりかえします。もちろん普段はＡＢＳは働かず、タイヤがロックするような急ブレーキのときだけ働きます。

ＡＢＳが働くときには、ブレーキペダルにゴッゴッゴッという振動が伝わります。しかし、ブレーキが壊れたワケではありませんから、そのまま思い切り踏みつづけてください。そしてハンドルを切って、目の前の危険を回避してください。

ブレーキ操作③

曲がっているときにブレーキを踏むのは危険

パニックブレーキはガツーンと思い切り踏めと書きました。しかし、普通に走っているときは、じわっと止めてください。このじわっと止めるのがどうも苦手という人がいます。クルマがググッと鼻先をかがめるようになって、最後にカックンとなってしまうのです。それはブレーキを最後にゆるめることをしないからです。スムーズにクルマを止めるには、ブレーキをじわっと踏んでから、止まろうと思う手前でブレーキペダルから、スッと軽く力を抜いてやるのがコツです。停止線の2mぐらい手前あたりで抜いてやり、最後にまた軽く力を入れて止めればいいのです。

さて、これは大事なことですが、ブレーキをかけるときはハンドルがまっすぐ向いていることが基本です。ハンドルを切った状態でブレーキをかけると、前のタイヤのどちらかに大きな荷重がかかり、そこだけに強くブレーキが効いて、クルマの姿勢が乱れる可能性があるからです。曲がっているときにブレーキを踏むと、ハンドルが内側に切れ込んだり、逆に外側にふくらんだりし、最終的には前輪か後輪が大きく横滑りを起こしてしまうかもしれません。こうなるとハンドル操作が効かなくなり大変に危険なのですが、最近はこのような事態を防ぐ「横滑り防止装置」なるものも登場してきました。

横滑り防止装置は、コーナーでスピードが出すぎたり、無理なハンドル操作・ブレーキ操作がおこなわれたりして横滑りしそうなとき、それを防ぐ装置です。たとえばコーナー内側の後輪だ

横滑り防止装置のないクルマではこうなる

け少し強めにブレーキをかけて前輪が外に膨らむのを防ぐ、というようなことをしてくれるのです。クルマのスピードや曲がり方、タイヤの滑り具合などをセンサーで検知、瞬時にコンピュータが判断して、横滑りしないよう対策をとってくれる優れもので、とくに雨や雪で路面が滑りやすくなっているときには効果を発揮します。

横滑り防止装置はメーカー各社で呼び方が違っていて、ESPとかVSC、VSAなどと名前がついています。クルマを買うときにはこれがついているかどうか、確認することをおすすめします。カタログの「安全装備」のところを見てください。残念ながら、まだ多くの車種で標準装備となっておらず、オプションでも選べないことが少なくありません。

たとえ横滑り防止装置がついていても、コーナーでは手前で十分減速し、ハンドルを切った状態でブレーキをかけるような事態はなるべく避けてください。たしかに横滑りは防いでくれますが、ハンドルがまっすぐなときに比べて止まるまでの距離は延び、スルスルスルッとクルマが前に行ってしまいます。ABSも横滑り防止装置も、あくまで保険なのです。

前のクルマの窓を通してさらに前をチェック

運転席のシートをいちばん前までスライドさせ、ハンドルを抱え込むようにしてアゴを突き出すというスタイルで運転している女性は、かなり多いように思います。なぜそんなに前屈みの姿勢で運転するのでしょうか。それはクルマのすぐ前を見ようとしているからです。断言しますが、こんなふうにクルマのすぐ前ばかり気にしていては、絶対に運転はうまくなりません。

クルマの直前をのぞきこんで、もしそこに危険な何かを見つけたところで、なんの意味もありません。時速50km／hで走るクルマは1秒間に14m も移動していますから、かりに5m先に何かが見えたところでドライバーはなんの対処もできないからです。そこまで極端でなくとも、私の見たところ多くの女性ドライバーは視点が近すぎるように思います。自分の前を走っているクルマのブレーキランプばかり気にしているような人もいます。こうした視点のおき方では、自分の運転を組み立てていくことができません。もっと視点を遠くにおいてください。

ふつう一般道路を50km／hぐらいで走るとき、私は50～60m先を見るようにしています。つまり、自分のクルマの4～5秒後の位置を見ているわけです。これなら、前で起きている事態にじゅうぶん対処する時間的余裕がとれます。「右側にいるトラックが車線変更しようとしているな、入れてやろう」と思ってアクセルを離すとか、「右折のウインカーを出しているクルマがいるな、左側の車線に移動しよう」と思って、左車線に後続車がいないか確かめるためルームミラーをの

すぐ前の車の窓を通して
その前方を確かめる

視点をもっと遠くにおこう

ぞくといったぐあいです。おおかたのことは4～5秒の時間があれば、ほとんど余裕をもって対処できます。現在から4～5秒先をつねに読みながら走っていく。それが安全なドライブにつながるのです。先ばかり見ていると、目の前が見えないだろうって？　大丈夫です。人間の目というモノはじつによくできていて、遠くを見ながら近いところで起きることも、ちゃんと見えるようになっているのですから。

とはいえ、実際の交通では自分の前が50ｍも空いていることはまれです。10数ｍ先には他のクルマが走っているでしょう。でも問題はありません。そのときは前のクルマが乗用車だったら、その窓を通してさらにその前のクルマを見ればいいのです。運悪く前をトラックや背の高いミニバンにふさがれてしまったような場合は、私はクルマを少し右に寄せて、その前方を見るようにしています。

これがもっと狭い商店街のような場合、視点は15～25ｍと近くなり、主に左側に気をつけるようにしています。スピードもずっと遅くなっていますし、なにより歩行者や自転車などに気をつけなければならないからです。

左側は振り返って直接見るのが正解

私は都内の混んだ道を走るときは2分に一度、ルームミラーで後ろを確認しています。高速道路ではもっと多くて、1分に一度は確認しています。ちょっと見過ぎではないかと思われるかもしれませんが、いつも後方の状況を知っておくことが大事なのです。もし、すぐ後ろにいたクルマがミラーから消えていたら、それは右か左の車線に移動しているはずです。そのようにして、自分のクルマのまわりの状況を知っておくのです。

ミラーは通常三つつけられています。室内についているルームミラー。次が左右のドアについているドアミラー（あるいはアウトサイドミラー）です。この中で最もよく使うのが、ルームミラーです。広いエリアが映るし、ルームミラーは平らな鏡でつくられていますから、後続車との距離感もつかみやすいのです。ですから、右折、左折、車線変更などで後方を確認するときはまずルームミラーを見ます。ルームミラーの位置はていねいに調整して、できるだけミラーいっぱいに後ろの窓がおさまるようにしてください。ときどき、ぬいぐるみなどを後ろの窓に並べる女性がいますが、自分から後方の視界を悪くして事故を招いているようなものです。絶対にやめてください。

ドアミラーのほうは、左右ともボディの4分の1ぐらいが映るように調整します。ドアミラーは車庫入れのときなど、ギリギリまでクルマを寄せたりするときにはとても役に立ちますが、あ

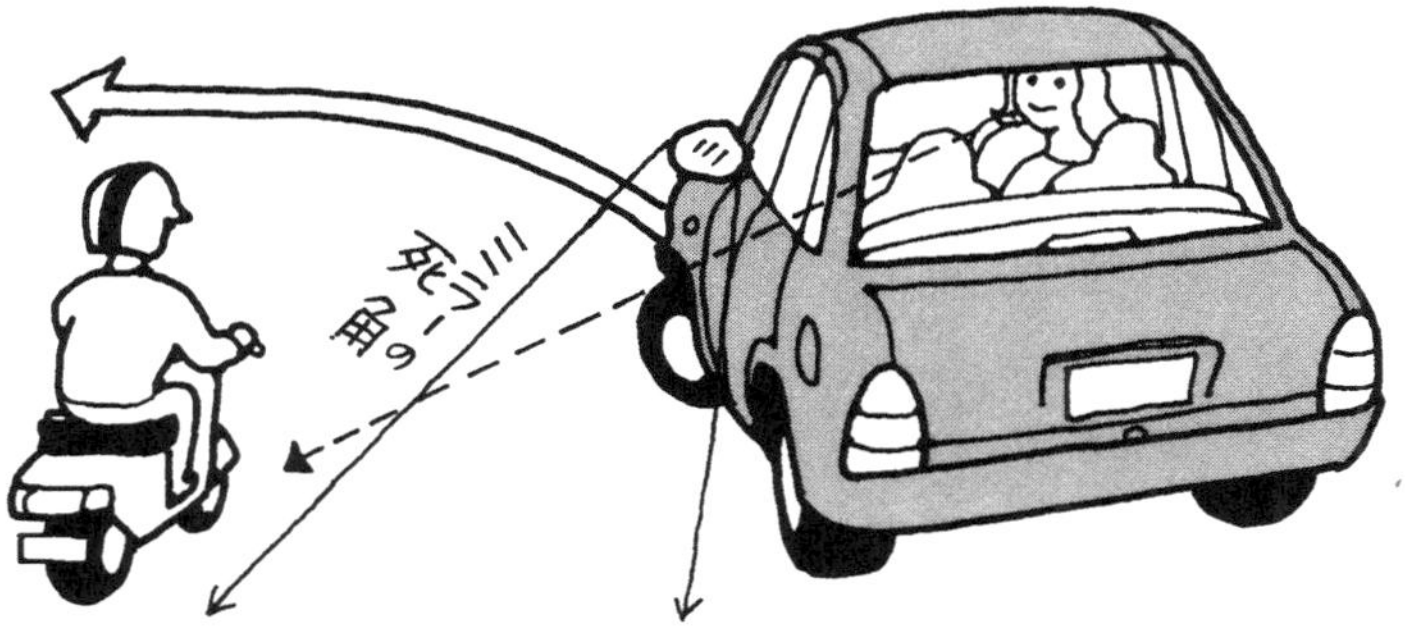

左側には死角があるから確認したほうがいい

くまで補助的なものです。右ハンドル車の場合、右側のドアミラーはとても見やすいのですが、左側はあまり役に立ちません。斜め左側にバイクが並走している場合でも、まったくミラーに映らないことがあります。

左側に車線変更する場合は振り返って直接、自分の目で確認するのが原則です。東京の首都高速道路では、右側から進入させるという驚くべき設計になっているところが何カ所かあります。この場合も、振り返って見ないと、恐ろしくて入れたものではありません。

女性ドライバーと同乗して驚くのは、ミラーを見ないままスッと車線変更をしようとする人がかなりの割合でいることです。車線変更の前に、右ならルームミラーとドアミラー、左なら振り返って確認します。ウインカーを出す→ミラーと目視で後方確認→それからハンドルを切る。この順番を絶対に守ってください。私はこれに加えて、車線変更の1分か30秒前にもミラーで後方を確認しておくようにしています。こうしてあらかじめ状況を把握しておけば、後方確認にもハンドル操作にも余裕ができるからです。

第4章

あなたの運転を
格段に安全にする工夫

先行車・後続車

挙動のおかしなクルマからは離れて走る

道路を走っているクルマにはあなたのような乗用車のほかに、職業ドライバーの運転するクルマがあります。バス、タクシー、宅配便の配送バン、大型の10トントラック、バイク便のオートバイなどなど。残念ながら、それらのなかにはじつに乱暴な運転をするドライバーがいるのです。

たとえばタクシー。タクシーは猛スピードで追い抜いてきたかと思うと、いきなりハザードランプを点灯させ、左側に急停止して客を乗せることがあります。そして客を乗せると強引に右側に割り込み、猛然と加速ということも。後ろを走っているあなたにとっては大迷惑ですが、これはタクシーが少しでも他のタクシーの先を行き、一人でも多くお客さんを拾いたいからです。

あるいは大型トラック。高速道路の追い越し車線を走っていると、後ろから大型トラックがほとんど触れんばかりに車間距離を詰めてくることがあります。不快どころか恐怖を覚えますが、これは重い荷物を積んだトラックはいったんスピードを落としてしまうと、ふたたび加速するのが大変なので、なるべくスピードを落とさずに運転しようとしているからです。

プロの運転するクルマはそれぞれの「家庭の事情」を抱えています。心やさしいあなたは、そこのところを理解してあげてください。そして君子危うきに近寄らず。とにかく離れて走ることです。むろんきわめてマナーのよいタクシーやトラックも多いのですが……。私の場合、空車のタクシーの後ろはなるべく避けるようにしていますが、やむなく後ろについたら、いきなり左側

周囲のクルマを注意深く観察すること

に止まる可能性があるということをいつも意識しています。

高速道路では大型トラックには近づきません。追い越せるのならば追い越して、ずっと先に行くようにします。後ろから異常なスピードであおってくるようなら、さっさと車線変更して道を譲ります。前をトラックにふさがれるとまったく前方が見えません。車線を変えられない場合は、車間距離を長めにとって、できるだけ視界を確保します。その車間に入ってくるクルマがあっても、かまいません。自分の身代わりになってくれてありがとう、と思うようにしています。

タクシーとトラックばかりを悪者にしてしまいましたが、彼らは少なくとも運転の腕前は確かです。もっと危ない運転をしているクルマはじつはたくさんいるのです。私は一度、ふらふらしているクルマに交差点で並んだら、ドライバーが運転しながらマンガを読んでいるのを見て、自分の目を疑ったことがあります。こういうクルマの前や後ろを走っていたら命がいくつあっても足りません。周囲のクルマを注意深く観察してください。やりすごすか追い抜くか、いずれにせよ妙なクルマからは一刻も早く離れることです。

いちばん効果的なのは笑顔のあいさつ

スムーズなドライブをするには、他のクルマへ自分の意思を伝えることが大事です。むろんウインカーによる合図は欠かせませんが、その他にもコミュニケーションの方法はいくらでもあります。たとえば、渋滞してゆっくり流れている車列に入りたいとき、ウインカーだけでなく、窓を開け振り返って手で合図すれば、たいてい譲ってくれるハズです。そのときニッコリとほほえみかければ文句なし。まずたいていのドライバーは喜んであなたを入れてくれます。

高速道路での渋滞末尾についたらハザードランプを点灯という合図もあります。いきなり速度が低下したあなたのクルマに、後続車が追突しないための合図です。長距離トラックのドライバーから始まったと聞きますが、これはなかなかいい習慣だと思います。また、ちょっと割り込みがちの車線変更をしたり、車列に入れてもらった場合など、ハザードを数回、チカチカと点滅させて感謝の意を表するというのも、譲った側としては気分のいいものです。ただ、私はこの場合は手を挙げてあいさつしています。なぜならハザードランプは本来、緊急時に使うべきもので、それを乱用しているといざというときの効果がなくなると思うからです。

右折を待っている対向車に対して「行け」という意味でパッシングランプの合図をすることがあります。しかし、この合図はときに「止まれ」という意味で使われる場合もあるので、お互いに誤解する可能性もありますから気をつけてください。道を譲るつもりが、相手を怒らしてしま

あいさつされたら誰だって譲ってあげたくなるもの

ったなどということになりかねません。

以前は、高速道路の追い越し車線で、ゆっくり走っているクルマにさっさと行けとパッシングランプの合図をするクルマが少なくなかったのですが、最近はほとんどなくなりました。あれはけっして愉快なものではありません。こうしたパッシングをするクルマの運転手は、本当に下品だと思います（残念ながら、おもに男です）。一般にクルマを運転している人間は心理状態が攻撃的で、怒りやすくなっています。挑発と受け取られて、つまらないトラブルに巻き込まれるのもバカバカしいですから、パッシングはしないほうがいいでしょう。本書の読者のようなエレガントで知的な女性ドライバーは、けっしてそのようなことをしないと思いますが。

いずれにせよ、こうしたとんがりがちの気持ちを和らげてくれるのが、女性ドライバーのすばらしい笑顔です。駐車がうまくいかず他のクルマを待たせたり、すれ違いに自信がなく、相手に道を譲ってもらったりするときは、とりあえず相手にニッコリ笑いかけてあげてください。女性ドライバーの笑顔は交通戦争をなごませる特効薬なのですから。

二輪車

バイクが来たら先に行くのをじっと待つしかない

オートバイが猛スピードで後ろから現れ、クルマの間をぬうようにして抜いていくのを見るたびに、危ないなあと思います。オートバイはクルマより小さなエンジンを積んでいますが、とにかく車体が軽いため、加速がすごくいいのです。ポルシェやフェラーリといった高性能車をかるがると引き離すだけの加速を持っていますから、その加速を利して、クルマの間をすり抜けながら走っていくわけです。しかし、タイヤが二つしかない悲しさで、ちょっとしたことで転倒し、しかもライダーはほとんど無防備ですから、クルマと接触すると、悲惨な事故となってしまいます。都会でよく見かけるバイク便も、死亡事故が多いと聞きます。

では、クルマの近くをうろうろするバイクをクルマのほうで積極的に避ける方法があるかといえば、そんな方法はないのです。後ろから抜いてくるオートバイは、やりすごすしかありません。大事なのはミラーをよく見て、近づいてくるオートバイを見逃さないこと。バイクはクルマよりずっと速く動けますから、気がつかないうちに接近していることがあります。ちょくちょくミラーを見るしかありません。そして急なハンドル操作やブレーキをなるべく避けることも大事です。すり抜けをおこなうとき、バイクのライダーはクルマがまっすぐ進むと思いこんでいます。急に車線変更しようとすれば、バイクはぶつかってしまうかもしれません。こちらがまっすぐ走っている限り、バイクはさっさと先に行ってくれます。そして車線変更や曲がるさい、とくに左側は振り返って目視することです。

　交差点で右折するときも、対向車線にバイクがいたら、あなたが考えるよりずっと速く近づいてきます。交差点は直進優先がルールなのですから、バイクは当然、スピードを落とさずやってきます。間に合うと思って無理に右折すると、横っ腹にドシンということになります。

　また最近は車道をけっこうなスピードで走るスポーツタイプの自転車も増えてきました。と言っても、クルマと比べれば遅いので、進路をふさがれそうなときはうっとうしく感じるかもしれませんが、焦りは禁物です。追い越しは余裕を持って、自転車の右側に50㎝以上の間隔をとりましょう。スポーツタイプの自転車は実は道路のミゾなどの影響を受けやすいので、急に右にふらつく可能性もあるのです。

　スポーツタイプにしろ、ママチャリにしろ、残念なことに一時停止や信号を守らなかったり、携帯電話を見ながら乗っていたりと、信じられない乗り方をしている人がときどきいます。これは「挙動のおかしなクルマ」と同様、早めに気づいて、とにかく近寄らないようにするのが賢明です。

バイクはクルマよりずっと速く動く

歩行者と自転車に気をつけて右寄りを走る

夜の道は昼間より危険が増していますが、夜のほうがよく見えるものもあります。曲がり角でクルマが来るかどうかは、相手がライトをつけているおかげで昼間よりもずっと早く気づくことができます。しかし、暗闇に何かがあるかもしれないというのは、やはりイヤなものです。

夜の道で危ないのは、道路の左側を走っている自転車と歩行者です。とくに暗くて歩道の整備されていない地方の道ではこれが怖い。左側の暗闇にとけ込んでいて、ハッと気がついたときは目の前ということがあります。私は夜になると片側2車線あるなら右側車線を、1車線ならセンターラインに寄せて走るようにしています。

ただ、怖いのは、横断しかけて途中で止まった歩行者がセンターライン付近にいる場合です。対向車のライトに幻惑されて、見えなくなってしまうことがあるのです。目くらましをくらうのは、ほんの一瞬ですが、そのときに歩行者がいたら、たいへんなことになります。それを避けるには、対向車がきたらスピードを落とすこと。そして対向車のライトの光軸をまともに見ないことです。相手のライトから少し視線をずらし、自分のライトが照らし出す先を見るようにすれば、まぶしい思いをしないですみます。

夜の道ではライトの使い方、点灯の仕方も気をつけてください。対向車やすぐ前を走るクルマがいなければ、ライトはハイビーム（上向き）にします。これで歩行者や自転車をずっと見つけ

対向車の
ライトを
まともに見ない。
左側の
歩行者に注意
センターラインに寄せて走る。

歩道が整備されていない道ではとくに注意する

やすくなります。夕方のうちは、おおかたのドライバーはスモールライトを点灯して走りますが、私は最初からヘッドライトを点灯します。なぜなら、本来スモールライトは夜間クルマを駐車するときに点灯するためのものだからです。まだ明るいうちはヘッドライトをつけたところでよく見えるわけじゃありません。でも、相手からは見えやすくなります。

よく信号で止まるたびに、いちいちヘッドライトを消す人がいます。前のクルマが眩しいだろうという配慮なのですが、ライトを消すとほかのクルマから見えにくくなって危険なこともありますから、真似しないほうがいいでしょう。

最近はライト自体も進歩してきました。このところ普及してきたキセノンランプ（ＨＩＤともいう）はじつに明るく、従来型のライトより夜間のドライブがらくになります。ただ、これをつけるには部品をいろいろと取り替えなければならず、値段が高くなるのが難です。しかし、ほぼ半永久的に持ちますからライト切れの心配がありませんし、また明るいにもかかわらず消費電力が少ないのです。新車を買うならはじめからキセノンランプがついたクルマをおすすめします。

夜で雨なら高速道路を走るのは避けたほうがいい

夜、雨が降っているときのドライブは、前も後ろもよく見えなくなって、じつにイヤなものです。ただでさえ視界が悪いのに、フロントグラスが油膜で汚れていると、対向車のライトがギラギラ反射して、ますます見えづらくなります。夜の雨では視界を少しでもよくすることが重要です。そのためにはまず、フロントグラスをきれいにしましょう。

一時的に油膜を取るスプレーもありますが、何日かするとまた油膜がついてしまいます。雨の中で作業するのはイヤなものですが、気になったらすぐスプレーなどを使ってガラスを磨いてください。ガラスの内側も、雨が降っていると湿気がこもって曇りがちになります。これはエアコンを効かせながら少し温度設定を上げてやれば、ほとんど数秒で取れます。ただ温風を送るだけでは曇りは取れず、かえってもっと曇ってしまいます。大事なのはエアコンを効かせることです。リアウインドウが曇るようなら熱線のスイッチを入れてください。このへんのやり方は、あらかじめ取扱説明書を読んで知っておきましょう。

雨の日は対向車のライトをとくにまぶしく感じます。広い道を走っているのなら、対向車のライトは直接こちらを向いているわけではないので、少しはましなのですが、狭い道で真正面から対向車が来る場合はとてもまぶしく感じるでしょう。横に電柱があったりして、こういうところですれ違うのはイヤなものです。こういうときは早めに左に寄って、ライトを消してクルマを止

前のクルマの水しぶきが視界をさらに悪くする

めましょう。対向車はすぐに通りすぎてくれます。

走るときは、左側の自転車と歩行者を避けるためセンターライン寄りを走るのはもちろんですが、なにより大事なのはスピードを1～2割がた落とすことです。雨が降るとブレーキが効きづらくなり、ＡＢＳがついたクルマでも止まるまでの距離は長くなります。視界が悪くて発見が遅れるうえに、ブレーキが効きづらいのですから、スピードを落とすしかないのです。

これが高速道路だとさらに困難が加わります。前を走るクルマが上げる水しぶきがフロントグラスを汚して、きわめて視界が悪くなります。大型トラックに抜かれるときには、滝のように水がふりそそいで3～4秒間、まったく前が見えなくなることもあります。夜、雨、高速道路というのは文字通り三重苦なのです。

ですから私は、夜、雨が降っているときは、高速道路でどこかに行くのを極力避けるようにしています。もし、どうしても高速道路を走らなければならないなら、危険を自覚してスピードを落としてください。

雪道①

まずは雪に対応できる装備が重要

タイヤの摩擦力がほとんど期待できない雪道のドライブでは、急発進、急加速、急ハンドル、急ブレーキはタブーです。そのどれもがクルマの姿勢を乱し、あげくは吹きだまりに突っ込むことになります。いっさいの操作をゆっくりスムーズにおこなわなければなりません。

しかし、雪道のための装備もとても大事です。これがなければ、トラブルを起こす危険が増えますし、トラブルから脱出することもできません。もし、あなたが生まれて初めてスキードライブに行くというのなら、まずは頼りになる相棒が必要です。雪道の経験がある友人なり、ボーイフレンドと同行することをおすすめします。

とりあえず雪道対策としてはタイヤとチェーンでしょう。スタッドレスという雪道でも比較的すべりにくいタイヤに履き替えるか、雪道がはじまるところでタイヤにチェーンを装着します。ただ、チェーンをつけたままで乾いた道は走れません。チェーンが切れてしまいます。その点スタッドレスなら、乾いた高速道路も雪道も走れますから、めんどうがありません。

最強なのは4WD+スタッドレスタイヤという組み合わせです。ただし、有利なのは坂道を上ったり、発進するときだけで、坂を下るときは普通のクルマと変わりません。いかに4WDでも、意外とふがいないのが大型SUVです。車重が重いため、いったん雪の深いところにはまりこむと、アクセルを踏めば踏むほどタイヤが雪を掘り返し、自分の重さでどんどん潜り込んでしまい

4WD を過信せず、きちんとした装備を

ます。雪に強いのは、軽くて小さく、最低地上高（ボディと地面の隙間のことです）の高い、軽トラックやジムニーのようなクルマです。最低地上高の低いスポーツ4WDもあてになりません。とにかく4WDを過信しないでください。

雪にはまりこんで動けなくなったときのために、雪をかき出すスコップと軍手は、最低限、用意してください。いよいよどうにもならなくなったら、他のクルマに引っぱり出してもらうことになりますが、そのための牽引用ワイヤロープもお忘れなく。この場合、引っぱり出すのは普通の乗用車では力不足。大型トラックか大型SUVに頼みましょう。こういうとき、トラックの運転手さんは意外と親切なものです。そして大事なことは、助けてもらったときの運転手さんへのお礼です。失礼にならない程度の心付けを忘れないように。

雪の中でのトラブルを避けるには、なるべく除雪された道を通ること、みんなが通る道を通ることです。近道をしようなどと思って変な道に入ってはいけません。そういう道は荒れていることが多いですし、牽引用ロープを持っていても、他のクルマが通らなければなんの意味もないのですから。

雪道の坂を上りはじめたら途中で止まってはダメ

雪道でのスタートはオートマチックならスノーモードで、スノーモードのスイッチがなければ2レンジでおこないます。マニュアル車なら2速です。ゆっくりと発進してください。上りの坂道では、いったん止まってしまうとスリップして発進できなくなることがありますから、前車との距離を空けながら、ストップしないように進みます。ABSは雪道にはなかなか有効です。少々、雑にブレーキを踏んでもクルマの姿勢が乱れないのです。ただ、その場合、止まるまでの距離がスルスルスルッと、かなり延びてしまうことも知っておきましょう。

坂道でのすれ違いは上り優先です。下り側はかならず止まって、上り側に譲ります。めんどうなのは狭い道でのすれ違いです。路面には雪が積もって深いわだちができていますが、それを無理に乗り越えようとすると、そこで動けなくなってしまう可能性大です。相手が地元のクルマだったら、指示にしたがってください。地元のドライバーはこうした場合、すれ違える場所を知っています。以前、私が新潟の小千谷《おぢや》に行ったとき、地元のバスが50m以上も離れたところで止まり、こっちへ来てすれ違えとパッシングで合図してきたのには感心しました。

クルマを停めておく場所は平らなところが原則ですが、やむなく坂の途中に停めるのなら、クルマの頭を坂上に向けてはいけません。下に向けて停めます。サイドブレーキを引いてはいけません。ケーブルが凍りついて解除できなくなります。シフターをPの位置にするか、マニュアル

雪道ではバッテリーへの負担が大きい

車ならギアをバックに入れておきます。

バッテリーが寒さに弱いことも知っておいてください。へたり気味のバッテリーは一晩でエンジンがかからなくなってしまいます。出発まえにスタンドでバッテリーをチェックしてもらいましょう。雪道はバッテリーに負担をかけます。ランプをつけ、ワイパーを動かし、エアコンをかけ、曇り取りの熱線を効かせ、ステレオをかけるなどして、のろのろと渋滞の道を進んだりすると、バッテリーは悲鳴を上げます。過大な負担をかけないよう気をつけましょう。

さて、雪はクルマの運転がうまくなるチャンスでもあります。雪道ではアクセルの踏みかげんで、クルマのお尻が滑ったり、カーブでふくらんだり、いろいろな動きをします。この挙動は、乾いた道を猛スピードで走っているときと同じなのです。べつにこれを試せというわけではありませんが、雪道に慣れてくると、あなたはごく自然にお尻が滑った方向にハンドルを切っているはずです。これがカウンターステア（逆ハンドル）です。すぐれたラリードライバーに北欧出身者が多いのは、彼らが雪道で鍛えられているからです。

かならず踏切の向こう側を確認してから渡ること

都会ではずいぶん改善されましたが、地方にはまだまだ踏切がたくさん残っています。踏切を渡るときの鉄則は、踏切を渡りきった先に、自分のクルマが入るスペースがあるか否か確認するということです。かならず前のクルマが渡りきってから渡ること。なんの気なしに前のクルマにつづいて踏切に入ったら、前のクルマが渋滞でストップ。踏切のなかに閉じこめられてしまった。そうこうするうち警報機がカンカン鳴りだし、あわててバックして脱輪……。こういうことのないように。漫然と前のクルマに追従してはいけません。

むずかしいのは複々線以上の長い踏切です。こういうところにかぎって、踏切の先が渋滞しているものなのです。前のクルマの先がどうなっているのか、よく確認してください。前のほうでブレーキランプが光っていませんか、それとも流れていますか。注意深く見てください。もし、よく見えないようでしたら、とにかく前のクルマが渡りきるまで待ちます。渡りきったところでブレーキランプが点灯したら、ギリギリで止まっているということです。待っているあいだ、クラクションを鳴らされても放っておきましょう。せかされるがままに進んで、もし、事故にでも遭ったら、いちばん悲惨な目にあうのはあなたなのですから。

もし、なかに取り残されてしまったら、バックするか、前に出るしかありませんが、対向車線が空いている場合があります。かまうことはありませんから対向車線を使って脱出しましょう。

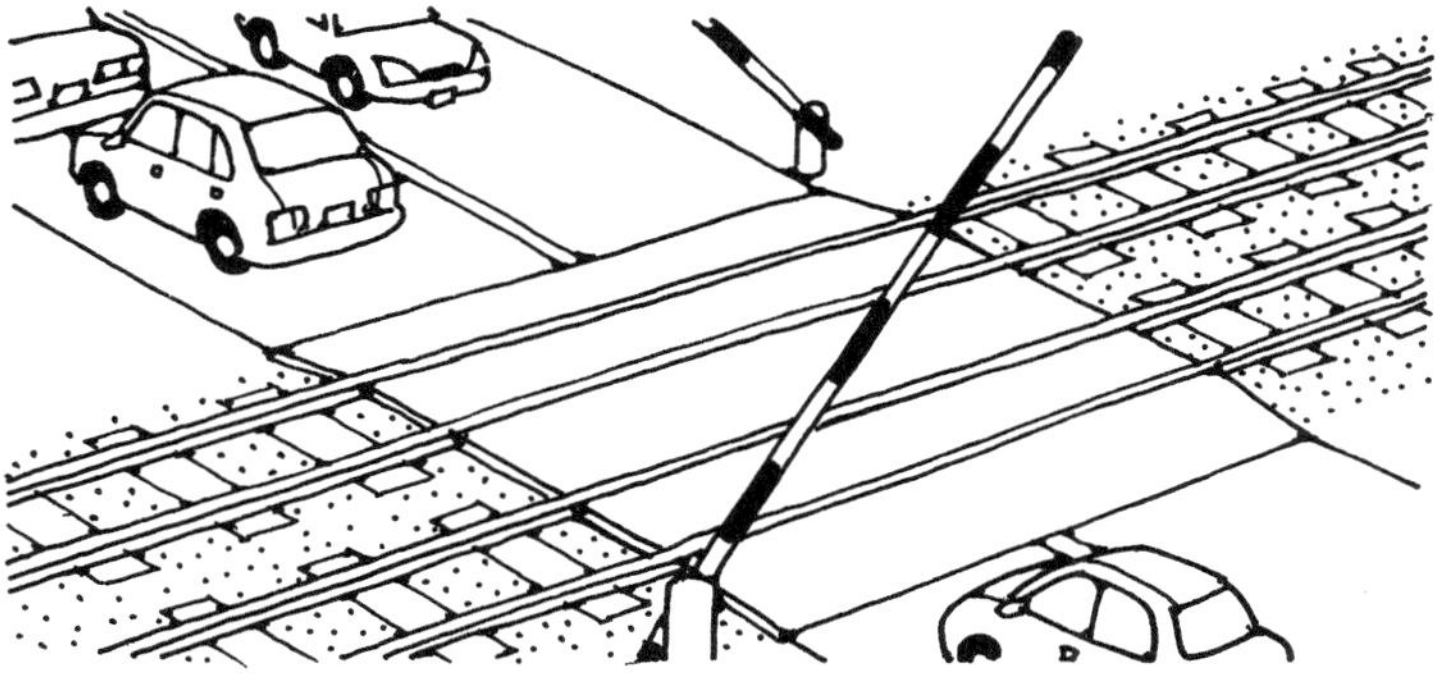

前のクルマにつづいて進入してはダメ

イヤなのは、渡れるか渡れないかぐらいの、横幅の狭い踏切です。自信がないようだったら別ルートに回りましょう。そういうところで、もし不幸にして脱輪して出られなくなってしまったら、まず同乗者をクルマの外に出して、安全な場所に避難させてください。そして、いさいかまわず非常ボタンを押してください。列車の往来が多い踏切には、列車を停止させる非常ボタンがあります。

非常ボタンがなければ、手を振ったり、夜なら懐中電灯を使って列車に危険を知らせるしかありません。同乗者がいて、かつ携帯電話があれば、あなたが列車が来ないか見ている間に、１１０番通報してもらってください。とにかく、あらゆる手段を使って衝突を防がなければなりません。

列車に危険を知らせる努力がうまくいかず、もうダメだと判断したら、あなたもクルマのそばを離れてください。運悪く列車と衝突した場合、クルマの近くにいると、クルマごとはねとばされてしまいます。クルマのなかに入ったまま、あれこれ努力しているうちに列車が来て衝突するのが最悪のケースです。

知らない近道より知っている幹線道路を

法事や結婚式、あるいは仕事などで初めてのところに行く場合、私はクルマを使わず、電車やタクシーで行くことがあります。知らない道をクルマで行った場合、どのくらい時間がかかるか読めないからです。時間に遅れそうになると、遅いクルマにいらだって強引に追い越したり、信号をギリギリで渡ったりと、ついつい無理な運転をしがちです。また、知らない道を探しつつクルマを運転するのは、どうしても注意力が分散しますから、事故の危険も増えます。私が時間の約束があってクルマで行くのは、通い慣れた道を行くときだけです。

約束の時間に遅れて急いでいるとき、脇道にそれて近道をしようとする人がいます。これが危ないのです。それはたいてい住宅地のなかで、通学路があったり、歩行者の多い商店街だったりします。そんなところを時間を気にしながら、道を探しつつ飛ばしていると、飛び出してきた歩行者や自転車をいつひっかけてもおかしくありません。

「知らない近道より知っている幹線道路」です。私は幹線道路が渋滞していても、けっして幹線道路から出て近道しようなどと思いません。渋滞を避けるための抜け道マップなるものが、地図になって売られていますが、たいていは狭い住宅地のなかを行けという内容です。こんなもの、もってのほかです。その道の周辺住民の迷惑を考えていないのでしょうか。そのガイドにしたがって行って、子供でもハネてしまったら誰が責任をとるというのでしょう。

知らない抜け道なんて事故の危険を増やすだけ

これが、時間を気にしなくともよいクルマ旅行というのなら、知らない道を行くのは、思いがけない名所旧跡に出逢ったりして楽しいものです。ただ、そんなときも、私はなるべく細い路地には入らないようにしています。狭い道をえんえん進んだあげく突き当たりにぶつかり、１００ｍぐらいバックで戻るハメになったり、出る道、出る道が一方通行で、自分の望むのとはますます異なる方角にもっていかれたりするからです。ま、時間的余裕があるのですから、あわてず、あせらずゆっくり行けばいいのですが。

初めてのところに行く場合、私はまず地図で目的地までのルートを確認します。それから「○○交差点右折」「○○街道左折」といったふうに、曲がらなければならないポイントをメモに書いておき、それをダッシュボードの上に順番にセロテープで貼りつけておきます。そして、ポイントを通過するたびに一枚ずつはがしていき、最後の一枚をはがしたら到着というわけです。カーナビのある時代に、なんて原始的なと思われるかもしれませんが、これがなかなか便利なのです。とくに海外でドライブする場合、よくこの方法をとります。

カーナビ

うまく使えば事故の危険を減らすことができる

初めてのところへ行く場合、カーナビはなんといっても頼りになります。何百km も離れた知らない街へ行くときでも、まずは次のコンビニの角を曲がりなさいと教えてくれるわけですから、こいつはすごいことです。道を探しながら行かなくていいのですから、運転に専念できます。それに迷ってムダに長く走らなくてすみますから、事故を起こす危険を大幅に減らしてくれます。

ただ、カーナビは操作できるようになるまでが大変です。最近はだいぶよくなってきましたが、行き先を設定するのが、けっこうめんどうで、しかもメーカーによって操作法が異なります。初めて使うカーナビでは手こずるでしょう。

しかし、クルマでどこかに行こうとするとき、カーナビぐらい便利なものはありません。あなたのクルマに、もしカーナビがついているのなら、その操作法は覚えておいたほうがいいですよ。その説明書は、クルマの説明書よりぶ厚いぐらいで、読むのがめんどうですが、すべてを知る必要はないでしょう。行き先設定をどうやったらいいのか、それが理解できればじゅうぶんです。

カーナビは安全のため、運転中は操作できません。行き先を設定したり変更するには、クルマが停まっていなければなりません。音声入力で、「〇〇へ行ってちょうだい」と命じれば、走行中でも設定できるという製品も出てはいますが、実際に使うと完全ではないことがわかります。しかし、最近の技術は日進月歩ですから、完全なものも遠からず実現するでしょう。

カーナビだけに頼る運転は考えもの

ただ、私の場合はカーナビを使うにしても、まず出発前に目的地までの地図を見て、ドライブの全体像を把握しておくようにしています。画面の指示どおり、次の曲がるポイントしか見ずに行くのは、運転を組み立てられず、危ないと思うからです。実際、カーナビの画面ばかり見ていて、衝突事故を起こしてしまったというケースは少なくないようです。それにカーナビの指示ばかり聞いていると、だんだん自分の判断を失ってとんでもないことをすることもあるようです。明らかに工事中で行き止まりなのが見えているのに、カーナビの指示にしたがってそこに突っ込んでしまったり。右折禁止のところを曲がれと指示されて曲がってしまい、違反キップを切られたという話もよく聞きます。

カーナビにすべての判断能力をあずけてしまうのは危険です。まず、自分のアタマでしっかりドライブを組み立てることです。実をいうと、私の友人には、最近、カーナビを取り外してしまった人が二人もいます。頭を使わなくなってボケちゃうよというのです。なるほどそれはよくわかります。クルマは本来、自由な意志で運転するのが魅力なのですから。

い たずら盛りの子供にはきちんと対策を

小さな赤ちゃんや子供を抱いて助手席に乗っているお母さんを見かけて、あきれてしまうことがあります。もし衝突したら、お母さんの体重で子供を押しつぶしてしまうじゃありませんか。それればかりではありません。いまのクルマは助手席にもエアバッグが装着されています。エアバッグは衝突の瞬間、火薬を爆発させて一気にふくらみますが、その衝撃は相当のものです。子供がいるのはエアバッグの直前です。至近距離から直撃された幼児はいったいどうなるでしょう。実際アメリカでは子供が顔面を骨折したり、首の骨を折って死亡した例が報告されています。

6歳までの幼児をクルマに乗せるときはチャイルドシートを着用し、そこに座らせることが義務づけられています。チャイルドシートは装着するのに手間がかかり、しかも子供の成長にあわせてだんだんと大きいものに取り替えていかなければなりません。お金もかかり、たいへんと思いますが、義務だからではなく、子供の命を守るため当然のこととして装着してください。

いちいち新品のチャイルドシートに買い替えるのがもったいないという人は、中古市場でシートを買うという手もあります。ただ、一度、事故にあっているチャイルドシートは、ベルトになんの異常がないように見えても、いざというときに役立たないことを知っておいてください。

子供が6歳を過ぎれば、今度はシートベルトのお世話になります。よく、ミニバンの後部座席にシートベルトをさせないまま子供を乗せてドライブしている家族連れがいますが、これも危険

面倒でもかならずチャイルドシートを使う

です。ミニバンの後部座席に子供を何人か乗せて、右折しようとしたらスライドドアが開いて子供が転落、死亡するという悲惨な事故もありました。どんな場合でもシートベルトを着用させましょう。むろん子供を乗せるのは事故の場合も衝撃が少ない後部座席です。

いたずら盛りの子供は、窓やサンルーフから顔や手足を突き出したりしますから、窓の操作が後席からできないようにロックしておきましょう。走行中にドアを開けてしまうこともあります。これを防ぐのがチャイルドプルーフロックで、これをしておくと内側からドアが開けられません。窓のロックもチャイルドプルーフロックも、いまのクルマにはたいていついています。取扱説明書を読んで活用してください。

また、スライドドアのクルマはかならず左側のドアから降りさせましょう。右側のスライドドアが開いても、後ろから来たクルマにはそのことがわかりません。後ろから来たクルマが、停まっているあなたのクルマの横をすり抜けようとしたら、いきなり子供がスライドドアからポンと飛び出してきて……ということになってしまいます。

腰が弱いお年寄りにはミニバンは不向き

高齢化が進んだ日本では、これからお年寄りをクルマに乗せて、介護施設や病院に連れて行く機会がますます増えていくでしょう。そして、家庭でお年寄りの世話をするのは、どうしても主婦の仕事になってしまう場合が多いようです。とくに介護施設や病院の充実していない地方では、主婦がクルマにお年寄りを乗せて運ぶのは、すでに日常的な風景となっています。

ミニバンがこれほど売れている背景には、そうした事情も一役買っているのかもしれません。しかし、実際には、足腰の不自由なお年寄りにとって、ミニバンは乗り降りがいたって難儀です。理由は床もシートも高い位置にあるからです。手すりにつかまろうにも体が伸びませんし、椅子に座るまでが一苦労です。また、降りるときも同様で、他の人の助けが必要となります。そういう場合は、ドライバーのあなたのほかに、もうひとり横に乗って世話する人がいれば理想的です。

もし、足腰の弱いお年寄りのためにミニバンを買おうとしているのなら、もう一度、よく考えてください。お年寄りにとっては、床が低く、屋根が比較的高い普通の乗用車タイプのクルマのほうが、着座はずっと楽なハズです。

また、いまは各メーカーが、車椅子のままでも乗れる機能のついたクルマや、シートが上下したり回転したりして乗り降りがしやすい仕様のクルマもそろえています。値段は普通のクルマより20万〜30万円程度高いのですが、税金などで優遇措置がとられることもありますので、ディー

お年寄りの乗り降りは左側のドアから

ラーに相談してみるといいでしょう。

お年寄りのなかにはシートベルトをおっくうがる人もいますが、かならず着用させてあげてください。意固地なジジイに手を焼くかもしれませんが、ここはナイチンゲールになったつもりでお願いします。からだの自由が利かないお年寄りは、しっかりシートベルトを着用していないと、ちょっとした急ブレーキでもシートから転落し、かんたんに骨折してしまいます。骨折して入院、そのまま寝たきりにというのは、いまやおさだまりのコースなのですから。

後席へ乗せるのが原則ですが、乗り降りはスライドドアでも普通のドアでも、かならず左側からにしましょう。動作の鈍いお年寄りですから、クルマがつぎつぎと横を通っていく右側からおこなうのはけっして得策ではありません。座らせるのは左側です。右側に座ると、シートを横ずさっていかなければなりません。それはお年寄りにとって一苦労です。

運転はむろん、ゆっくりとおだやかにすることは言うまでもありませんが、これは女性ドライバーが得意とするところ、はなからむずかしいことではないでしょう。

知識があれば避けられる事故は多い

交通事故にはかならず、ある一定のパターンがあります。それは前にも書いた右折時のサンキュー事故や、左折時の二輪車巻き込みなどさまざまですが、事故にあわないために、そうしたパターンを頭に入れておくことが大切です。交差点の右左折時には何が起こりうるか。渋滞時にはどんなことがありうるか。お年寄りや子供が相手ではどんな事故があるのか。これをある程度、頭の中に入れておけば、そのような事態にあいそうになったとき、未然に事故を防止できます。

それにはまず、日頃から自分の運転を反省することです。事故にならないまでも危ない目にあってヒヤッとしたら、なぜそうなったのか考えて、以後の運転に役立ててください。そうやって、自分の経験を運転の知識に変えていくのです。しかし、そうはいっても、一人の運転経験では得られるものに限界がありますから、積極的に知識を得ることも重要です。事故パターンを教える危険予測の教則本が売られていますから、それを読むのもいいでしょう。

たとえば、こんなケースがあります。狭い道で前にお年寄りの乗る自転車が走っていました。お年寄りはこちらをやり過ごすために止まろうとしています。自転車に乗ったまま足を地面につこうとしたところ、そのままクルマの直前にパタンと倒れてしまいました。お年寄りは道路の端に渡してある傾斜した鉄板のうえで止まろうとしたため、足が地面に届かなかったのです。これなど聞いてみなければ、想像しようもないケースです。

この経験から得られるものは多い

このケースは自動車メーカーのホンダが出している『交通状況を鋭く読む―危険予測トレーニング』なる冊子に書かれていたものです。さまざまな実例を集めて分類し、危険な場面で何に注意すべきか考えさせるもので、よく作られており感心しました。皆さんにも一読をおすすめします。ただ、一般の書店では手に入らないのでホンダの交通教育センター（巻末に連絡先を載せてあります）に注文しなければならず、『問題編』と『解説編』の二冊をあわせると6千円と高価です。しかし、それだけの価値はある内容です。

クルマの運転は反射神経や運動神経ではありません。経験と知性、そして学習です。運動神経バツグンなどということはなんの関係もないのです。もし、あなたが、たいていの事故はパッとすばやく反応すれば回避できるなどと考えていたら、それは勘違いどころか、とんでもなく危険な考え方です。クルマの運転でパッと反射的に行動しなければならないのは、パニックブレーキを踏むときだけです。おおかたの事故は、あとさき考えずパッと反射的に行動したり、なにも考えずぼんやり運転しているときに起きるのです。

第5章

駐車のテクニックを身につけよう

前進駐車か、バック駐車か、判断基準がわかりますか

土地の値段が高い都市ではほとんど見かけませんが、地方のスーパーなどに行くと、白線が斜めに切られていて、クルマを前から入れる駐車場があります。これはらくちん、前進でかんたんに入れられますね。出るときはバックですが、かんたんに出られます。駐車場がすべてこの形式なら苦労はありません。

ところが、ときどきこのタイプの駐車場にバックで入れようとして必死に苦労している女性ドライバーを見かけます。これは本当にムダなことです。斜めになっているところに鋭角にバックで入れるためには、何度も切り返さなければなりません。前進駐車のほうが入れやすいのなら、そのほうがいいに決まってるじゃありませんか。

では、通路に直角に面している駐車場の場合、前進駐車のほうがいいかどうかの判断基準がわかりますか。それは通路の幅と駐車スペースの幅の関係によります。通路が狭く、駐車スペースの幅には比較的余裕があるような場合は、クルマを頭から入れるのが正解です。クルマが曲がるときは、前向きでもバックでも、前輪のほうが左右に大きく振れます。ですから、前輪の側に幅の広いスペースがあるように駐車するほうが、はるかにらくなのです。通路が狭い場合は出るときもバックのほうが小回りが利きますから、やりやすいのです。こういうところに、バックで停めるのはまったくのムダです。ときどき、排気ガスから植木を保護したり、近隣に迷惑をかけな

縦列駐車は後ろから
横列駐車は後ろから
斜め駐車は頭から
前進か、バックか、それが問題だ

いため、前進で入れるよう指定している駐車場がありますが、こういう駐車場もたいてい、駐車スペースの幅に余裕を持たせてあります。逆に、通路は比較的広いのに、駐車スペースが狭いところはバックで入るほうがらくです。デパートの駐車場などはおおかたがこれです。

らくに入れられる前進駐車ですが、それでも内輪差には気をつけてくださ い。右側に入るのなら右側面に注意してください。無造作に進んで右側からベキベキッと、イヤな音が聞こえてきたなどということのないように。ドアミラーもしくは直接、後ろを振り返って確認してから進みましょう。

前からでもバックでも、駐車はルールを守らないと、他の人の迷惑になります。クルマが駐車スペースにまっすぐになってますか。斜めになっていると、左右のクルマが出るときに迷惑します。中央ではなく、左側に寄せているクルマもあります。これでは左側に停めたクルマのドライバーは、ドアを開けられません。こういう停め方をしていると自分のクルマもこすられます。よく駐車場でクルマをこすられるという人は、自分の停め方が悪いのだと反省してください。

通路のスペースをぞんぶんに使えばうまくいく

日本の駐車場はほとんどがバックで入れる形式になっています。デパートの駐車場や公共駐車場など、おおかたがこれです。すなわちバック駐車ができないと、どこにも行けないというわけです。バック駐車には自分の座っている右側（自分側）へバックするのと、左側（自分とは反対側）にバックする場合の二つがあります。右側は、窓から首を出して直接、後ろを確認できるぶんらくですが、左側は少しむずかしいですね。しかし昨今の駐車場はどこに行ってもいっぱいで、自分の好きな場所を選んでなどいられません。両方ともらくにできるようにしておきましょう。

バック駐車のコツは通路をぞんぶんに使うことです。通路の右側のスペースに入れる場合で説明しましょう。通路をゆっくりと走り、空いているスペースを見つけたら、そこを通り過ぎながらいったんクルマを少し右側に寄せ、それからすばやく大きく左側にハンドルを切って、通路いっぱいに斜めになって止まります。このときハンドルはまっすぐに戻します。できるだけ駐車スペースと平行に近づくようにしてください。駐車スペースからは多少離れてもかまいません。大事なのは駐車するワクにたいして、できるだけ小さな角度で入っていけるようにすることです。

ギアをバックに入れ、ハンドルはまっすぐの付近で自分のクルマの右後ろが右側のクルマの左前端（停まっているクルマがなければ白線の角）をかすめるようにねらって進んでいきます。そして、右に停まっているクルマの前端をかすめたら、ハンドルを一気に右側に切ってください。そのま

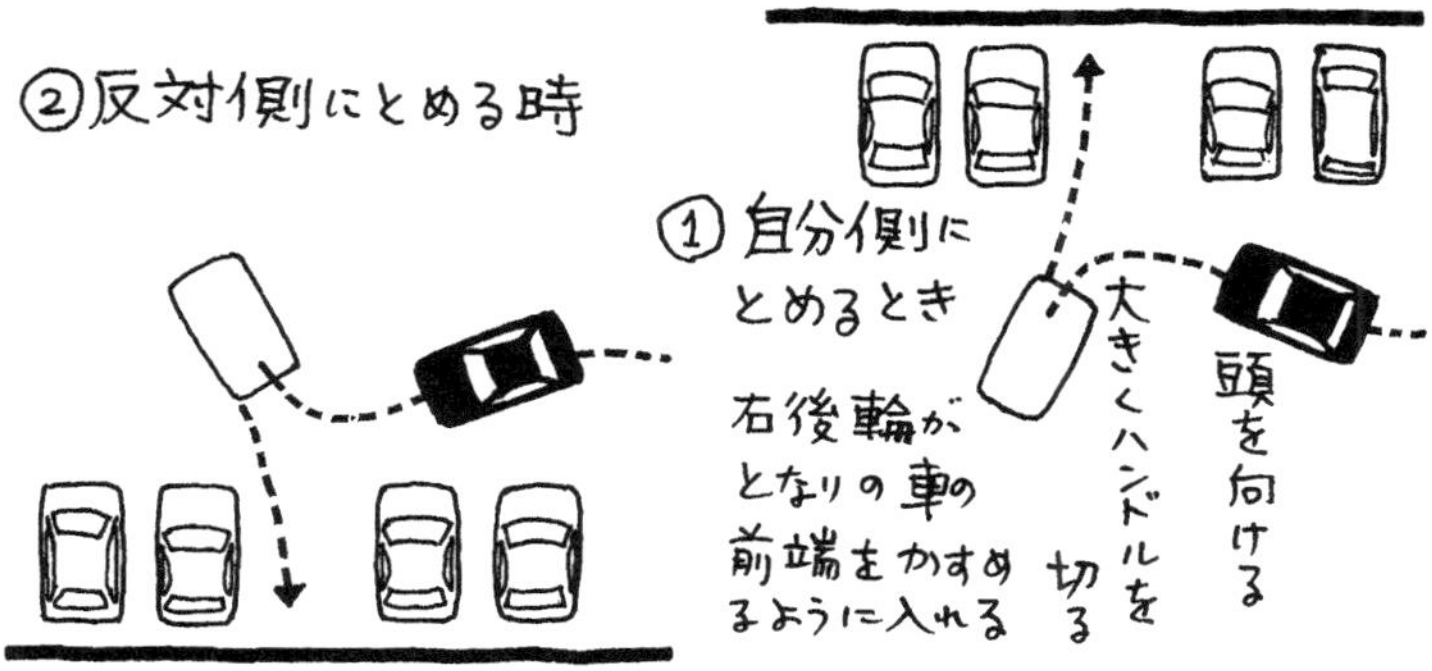
②反対側にとめる時
①自分側にとめるとき
右後輪がとなりの車の前端をかすめるように入れる
大きくハンドルを切る
頭を向ける
駐車スペースとなるべく平行にするのがポイント

まゆっくり進み、クルマがワクに入ったら、急いでハンドルをまっすぐに戻してください。あとはそのまま、壁あるいはクルマ留めまで、バックして完了です。このとき気になるのは、自分のクルマの左後ろ側です。駐車ワクに入っていく角度がゆるくなればなるほど、左側のクルマにぶつかりやすくなります。最初に、できるだけ駐車スペースと平行になるようにもっていってやれば、らくに入れます。

通路の左側のスペースに入る場合も基本的には同じです。ギアをバックに入れたら後ろを振り返ってください。左手を助手席のバックレストにかけて、ハンドルは右手で操作するといいでしょう。リアウインドウとサイドウインドウを通して、左側に停まっているクルマの右前端をねらって、まっすぐ進みます。隣のクルマの右前端を自分のクルマがかすめたかどうかは、左側のドアミラーで確認するといいでしょう。ドアミラーは下側を映すようにしておくと、見やすくなります。自信がない場合はクルマから降りて、確認しましょう。右側の後ろがぶつかりそうだったら、いったん前進し、ハンドルを切り返してください。今度はらくに入るはずです。

バック駐車をらくにする便利な装置もある

あたりまえの話ですが、バック駐車で困るのは、後ろが見えないということです。ドアミラー、ルームミラーだけではどうしても限界があります。クルマの左右や前後の端がぶつかるのか、ぶつからないのか、それさえわかればかんたんになるハズです。最近では、こうしたバック駐車の悩みを解決するために、ハイテクを使ってさまざまな装置が開発され、クルマに載せられるようになりました。

たとえばバックソナーです。これは超音波を使った探知機をボディの後端や四隅にとりつけ、ボディが障害物に接触しそうになったときに警告音を出すというものです。警告音が鳴ったら即座に停止し、クルマを前に出してもう一度やり直せばいいわけです。ただ、安全のためぶつかりそうになるかなり手前から警告音が鳴るようになっており、ギリギリまで寄せられるようになるには慣れが必要でしょう。それでもつまらない接触事故を防ぐ手立てにはなります。

これより便利なのはバックモニターです。これはクルマの後ろにテレビカメラをつけて、クルマの後部の映像をダッシュボードのモニターに映し出すものです。これなら後ろを振り返らないでも、モニターを見ながらハンドルを調整してバックができ、とりわけクルマを後ろのギリギリまで下げるときに助かります。とくに後部の見えないミニバンなどにとってありがたい機能です。とはいっても、クルマを駐車スペースにおさめるには、前に書いたようなハンドル操作をして、

このローテク装備が意外と役立つ

まずはクルマが入れる体勢にもっていってやることが前提です。その基本ができないと、いくらモニターを見ながらあれこれやっても、なかなかうまくいきません。

最近ではさらに技術が進んで、ほとんど自動的にバック駐車をしてしまうというシステムも現れはじめました。ドライバーが駐車位置を指定すると、クルマのほうで判断してハンドル操作、アクセル、ブレーキをやってくれるという夢のようなシステムです。ドライバーをめんどうなバック駐車から解放してくれるわけですが、まだすべてのクルマにつけられるわけではありません。それが普及してほとんどのクルマにつくようになるには、まだまだ時間がかかると思います。

これらはどれも高価な装置ですが、もっとずっと安価なローテクでも役に立つことがあります。それは、どうしてもこすりがちな、クルマの左前の端にポールを立てるという方法です。あまりカッコよくはありませんが、これがあると車幅感覚がわかりやすくなって、狭い道で駐車しなければならない場合などには便利でしょう。とくにボンネット部分が長いセダン形式のクルマにはおすすめの方法です。

縦列駐車に必要なスペースはクルマによって違う

駐車のなかでいちばんむずかしいのが縦列駐車でしょう。道路の左側にコインを入れる機械があって、その横の四角い白線の枠の中に駐車するという例のヤツです。1台ぶんしか空いていない場合は、前から入ろうとしても不可能なので、バックで入れるのです。

縦列駐車がとくにむずかしいのは混んだ盛り場でしょう。私はよく銀座の裏通りで縦列駐車の空きを探すのですが、せっかく見つけても、すぐ後ろからクルマが来てピッタリとつかれるため、バックができず、あきらめて前に進むということが多いのです。ウインカーを左に出して、これから縦列駐車でバックするぞと合図しているのですが、うしろから来たクルマはそれに気づかないのです。なかにはそれを承知で詰めてくる性根の悪いドライバーもいますが、つまらないトラブルに巻き込まれるのもイヤですから、さっさと退散するようにしています。心やさしいドライバーのあなたは、前のクルマが合図を出していたら、縦列駐車がすむまでスペースを空けて待ってあげてください。なに、ほんの1、2分ですむことですから。

縦列駐車で大事なのは、駐車スペースの前後方向の長さを確認しておくことです。縦列駐車するためには、あなたのクルマの全長+全幅ぐらいの長さの空きがなければちょっと無理です。全長4・5m×全幅1・7mのクルマだったら、だいたい6・2mぐらいでしょうか。もし、前後のクルマが白線から大きくはみ出しているようでしたら、あきらめたほうがいいでしょう。逆に

縦列駐車では小さいクルマが有利

いえば縦列駐車の場合は、白線の内側にピタリとおさめることが大事なのです。もし、はみ出していると、あなたの前後のクルマが出るのに苦労しますから。

縦列駐車で有利なのはやはり全長と全幅の小さなクルマですが、最近のクルマはどれも大きくなっています。外寸が大きいと、衝突安全性能も高くなるし、室内も広くできるからです。一昔前のファミリーカーは幅1・7m以下、長さ4m少々ぐらいだったのですが、最近では幅が1・7mを大幅に超え、長さも4・5m以上というものがたくさんあります。路上に描かれた縦列駐車のスペースは、クルマがまだそれほど大きくなかった時代に決められたものですから、現在のクルマでは入れるのに苦労するケースが少なくないでしょう。

しかし、この縦列駐車ができれば、日本国内ではまずどこでも駐車できるはずです。そうなれば、どこに行くにもおっくうに感じずにすみますよ。それに、縦列駐車をスムーズにやってのける女性ドライバーは、男性の目からはとてもカッコよく見えるものなのです。次項に詳しく、そのテクニックを説明しました。縦列駐車に挑戦してみてください。

縦列駐車②

前のクルマと触れんばかりにスパッと入れる

さて、縦列駐車のテクニックをお教えしましょう。左ページの図を見てください。Ⓐ地点にバックでクルマを入れるとします。まずⒷ地点までクルマをもっていくわけですが、その位置がむずかしい。これはあなたのクルマの大きさにもよりますが、隣のクルマよりほんの少し前ぐらいの位置です。ここで大事なのはⒷ地点で右へ切ったハンドルを左へ切り返してやることです。まっすぐの位置から半回転ぐらいでしょう。図のように曲がったラインを通らず、まっすぐ来て、隣のクルマにまったく平行に並んでからはじめるやり方もあります。クルマを平行に並べる方式でやる場合は、隣のクルマから50㎝くらい離れた位置で停止します。

体をひねり、リアウインドウから後ろを見て、右手でハンドルを操作してください。隣のクルマの右後端から30～40㎝離れたあたりを、自分のクルマの左側が通るように、ゆっくり左へ切りながらバックします。あなたのクルマの運転席が隣のクルマの後輪にさしかかったら、さらにいっぱいに左に切ってください。運転席が隣のクルマの後輪をすぎるあたりでハンドルを戻してまっすぐにし、そのままバックします。

さて、ここからが大事なところです。隣のクルマの右後端があなたのクルマの左前端に接触するぐらいの感覚で、ハンドルを右いっぱいに切ります。一気にすばやく切らなければなりません。こうすると、あなたのクルマは後輪を軸にコンパスを回すように、スパッと駐車スペースにおさまるのです。ここのところがいちばんむずかしいのです。ほとんど左前端がぶつかりそうな感じです。後輪が縁石に触れたら、ハンドルをまっすぐにして少し前に出て、ふたたびハンドルを右いっぱいに切ってバックすればうまくいきます。

整理しておきましょう。(1)隣のクルマに並ぶ。そのとき少し左にハンドルを切っておく。(2)Ⓐ地点への進入は急がず、ゆっくりハンドルを左へ切りながら、隣のクルマとの間隔が30〜40cmぐらいのところを自分のクルマの左側が通るようにする。(3)運転席が隣のクルマの後輪にさしかかったらハンドルを左にいっぱいに切る。(4)運転席が隣のクルマの後輪をすぎたらハンドルを戻して、まっすぐバック。(5)前をよく見て、隣のクルマの右後端と自分のクルマの左前端が接触しそうなところで、ハンドルを右いっぱいへ短時間で切る。

あとは窓を開けて、クルマが駐車スペースにちゃんとおさまっているかどうか確認し、必要ならば微調整をしておしまいです。

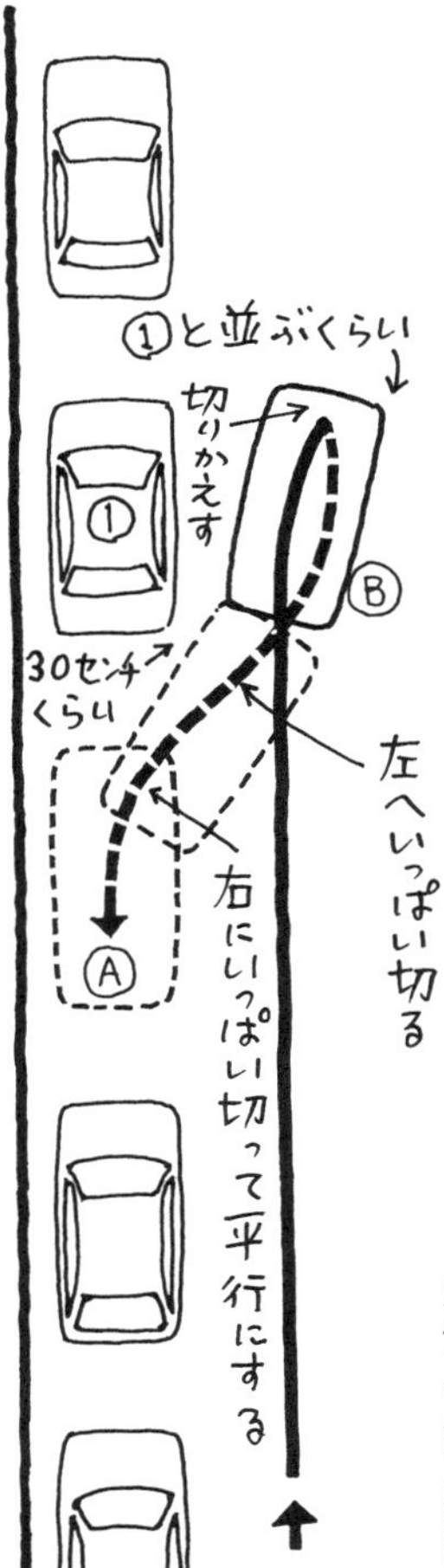

スパッと入ると気持ちいいですよ

駐車場で役立つテクニックを身につけよう

路上駐車をしたとき、ときどきぶしつけなドライバーがいて、クルマに戻ってきたら前あるいは後ろにピタリとつけられていることがあります。こうなると出るのが大変ですが、もうダメとあきらめることはありません。前後ともピタリとつけられてないかぎり、まず出られないことはないからです。普通のクルマなら、前後の空きがあわせて1mもあれば、なんとかなります。

クルマを後ろのギリギリまでバックさせ（後ろにつけられたらそのまま）、前のスペースを空けます。まずハンドルを目いっぱい右にスエ切り（クルマを止めたままハンドル操作をすることです）して、それからギリギリ前まで前進します。前のクルマに触れんばかりのところで止まり、今度は左側いっぱいにハンドルをスエ切りし、後ろへギリギリまでバックします。ふたたび右いっぱいにスエ切りして前へ。これを何度かくりかえすとクルマの鼻先が外に出ますから、そこで脱出できます。でも、めんどうなことは確かですから、私はこういう事態に陥らないよう、駐車しているクルマの後ろにつくときは2mは離れ、前に置くときも、同じぐらい離して駐車します。

上下2段式のパレット（クルマを載せる鉄板）にバック駐車させるタイプの駐車場では、慣れていない女性ドライバーは苦労することでしょう。パレットは幅が狭い上に、上の段のパレットを支える柱が四隅に立っています。これがなんとも邪魔なのです。この場合重要なのは、クルマを通路で何度か切り返し、ハンドルがまっすぐなままパレットにバックで入っていける位置までも

四隅にある柱がなんとも邪魔

っていくことです。それが無理でも、できるだけ車体をパレットに平行にします。それから窓を開けてクルマの右側だけを見て、パレットへ向けてバックします。このとき、遅くともパレットに入りはじめる瞬間には、ハンドルをまっすぐにしたままバックしていける体勢になっていなければダメです。パレットに斜めに入っていくと柱にボディをこすってしまいます。体勢が整ったら、車体を右側ギリギリに寄せ、左側は気にせずバックします。なぜならパレットはクルマが入る幅にできているからです。

地下駐車場のなかには、上りや下りのアプローチが狭いらせんになっているところがあります。これも慣れないドライバーには怖いと思いますが、こういうアプローチはとにかく外側の壁にボディの前端が触れないことだけを気にして進むようにすればよいのです。ここで内側の壁を意識して、ハンドルを戻そうとすると、おかしなことになります。

最後に、係員がいる駐車場では、その指示が聞こえるように運転席の窓を開けましょう。指示を聞き逃して、駐車場の中をさまようなんてことがないように。

第6章

高速道路での
場面別対処法

秒速28m、このスピードを忘れないでください

高速道路ほど走りやすい道はありません。まず信号がありません。横から出てくる自転車も歩行者もありません。道路の左側に駐車しているクルマや荷物の積み降ろしをしているトラックもありません。路面は広く、カーブはゆったりとしており、遠くまで見通せます。つまり普通の道ならつねに頭に入れておかなければならない要素が、高速道路にはないのです。

それに、クルマは100km／hのスピードで動いてはいますが、クルマがどれも100km／hで流れていれば、相対的な速度は0km／hですから、クルマは互いに止まっているも同じ、平和なものです。それは150km／hぐらいで走っているドイツのアウトバーンでも同じです。

しかし、その平和な100km／hも、いったんことが起きると、恐ろしいものになります。前のクルマがいきなり急ブレーキを踏んだら？　あるいはトラックが突如、スピンして前をふさぐように横倒しになったら？　100km／hという速度はクルマが1秒間に28mも進むのです。もの4秒もしないうちにクルマは100m先に到達します。100km／hとは漫然と運転していて判断がおくれると、とりかえしのつかない事態となってしまう速度なのです。秒速28m、まずはこのことをしっかり頭に入れておいてください。

ですから、高速道路では行動を早く起こすことがなによりも重要になります。もしフルブレーキを踏まなければならない状況になったとしても、そのときあなたのクルマが加速状態にあった

「なんだろなア」と思ったらすぐに減速

としたら、まずは足をアクセルからブレーキへ踏み替えなければなりません。ブレーキを踏んでも、本当にブレーキが効きはじめるまでには、時間差があります。踏み替えからブレーキが効くまで、あわせて1秒弱だとしても、その間もクルマは秒速28mで動きつづけ、20m以上も進んでしまうことになるのです。しかし、早めに危険を予測し、アクセルから足を離してブレーキを少し踏んでおけば、そのぶんだけ手前に止まることができるのです。

多くの女性は遠くに何かあると気づいても、「なんだろうなア」と思うだけで、スピードを落とさずにそこへ近づいてしまうようです。そして、その何かがわかってから急ブレーキということになるのです。そうではなく、遠くに不自然な動きがあったらとにかく減速、これを実行してください。

人間の目は100km/hで走っていても、慣れるにしたがって60km/hぐらいかなと思うようになってしまいます。ほかのクルマも同じような速さで走っているからです。これが怖いのです。メーターをよく見て自分のクルマの速度を知り、スピードを現実のものとうけとってください。

2 0 0 m先を見て数秒先の事態を推理する

前に私は、一般道では視点を50m先におく、そしてその理由は4～5秒の余裕が欲しいからだと書きました。基本的に高速道路でもこれは同じです。ただ、高速道路は１００km／hで流れていますから、当然、視点はもっと先になります。そのときの速度にもよりますが、高速道路では視点をだいたい１５０～２００mぐらい先におくことが大事です。

多くの女性ドライバーは、高速道路でもこの視点が近すぎるように思います。さすがにのぞき込むようにしてクルマの前を見ている人はいませんが、自分の前を走っているクルマのブレーキランプだけを見ているという人が少なくないようです。なるほど、前のクルマがブレーキを踏んだという情報は重要です。自分もすぐに減速しなければ、追突してしまいますものね。

しかし、前方から得る情報がほとんど前のクルマのブレーキランプだけというのは、なんとも危険なことです。大事なのは前のクルマのさらに前、いや、さらにずっとその先がどうなっているのかということなのです。たとえば、パニックブレーキを踏む場合、必要と判断したら前を行くクルマより早いタイミングで踏まなければなりません。実際、前のクルマが渋滞後尾に追突しても、その後ろのクルマは追突しないですんだというケースは、前のクルマのドライバーよりも早く前方の異変をキャッチし、それに備えていたからなのです。この場合、前のクルマのブレーキランプがついてからブレーキを踏んだのでは、とうてい間に合わないことがわかるでしょう。

すぐ前のクルマだけを見ていては何も判断できない

150〜200m先を見るといっても、ただぼんやりと見ているわけではありません。自分の前を行くクルマたちがどんな挙動をしているのか、またしようとしているのか、それをチェックしています。そして、それが自分のクルマにどんな影響を与えるか推理しているのです。「追い越し車線をゆっくり走っているクルマがいるが、後ろから猛スピードでトラックがやってきている。おそらくあの遅いクルマは左の車線に逃げようとするだろう。しかし、左の車線はクルマがいっぱいだ。無理に左側に入ろうとするだろうか。そうなったらブレーキを踏むことになるな。いや、それともトラックのほうが、むりやり左側から追い越そうとするかもしれないぞ。あんなに飛ばすところを見ると、相当、乱暴そうだからな。アクセルから足を離していたほうがよさそうだ」といったことが、瞬時のうちに頭のなかを巡るわけです。

すぐ前のクルマだけを見ていては、とうてい考えることができません。高速道路でも一般道路と同じく、ドライブを組み立てながら走る。そのために視点を遠くにおき、入ってくる情報を少しでも長く考える時間的余裕を稼ぐのです。

車間距離100mにこだわるとかえって危険

高速道路での車間距離は、一般に100km／hで100mと言われています。なるほどそれはよくわかります。100km／hから急ブレーキを踏んで、停止するまでが100mというわけです。しかし、現実の高速道路でそんな理想的な車間距離が保てるでしょうか。

私はかつて、それができるかどうか、実際に試したことがあります。とうてい無理でした。やっと100m空いたと思ったら、次から次へと横から割り込まれ、100mなんてとても維持できやしないのです。とくに大都市近辺の高速道路はやたらめったら混んでいますから、お役所のいう車間距離100mというのはあくまでタテマエ、きれいごとにすぎません。

「気にせずに、車間距離100mになるようなるべくゆっくり走ればいいじゃない、そのほうが安全でしょ」とおっしゃるあなた。それは違います。この状態はとても危険なのです。なぜならそんなふうに車間距離を100mにしようと遅いスピードで走ると、後続のクルマに車線変更を強いることになってしまいます。高速道路ではむやみに車線変更をせず、自分の車線をしっかり守って走るのが安全です。あなたはその邪魔をして、ほかのクルマがあなたのまわりで事故を起こす危険を増やしているだけなのです。高速道路では流れに乗って走ってください。杓子定規に法規さえ守っておけば、自分だけは大丈夫という考えは錯覚なのです。

車間距離100mは現実に無理なのですから、こだわることはありません。そこで私は自分流

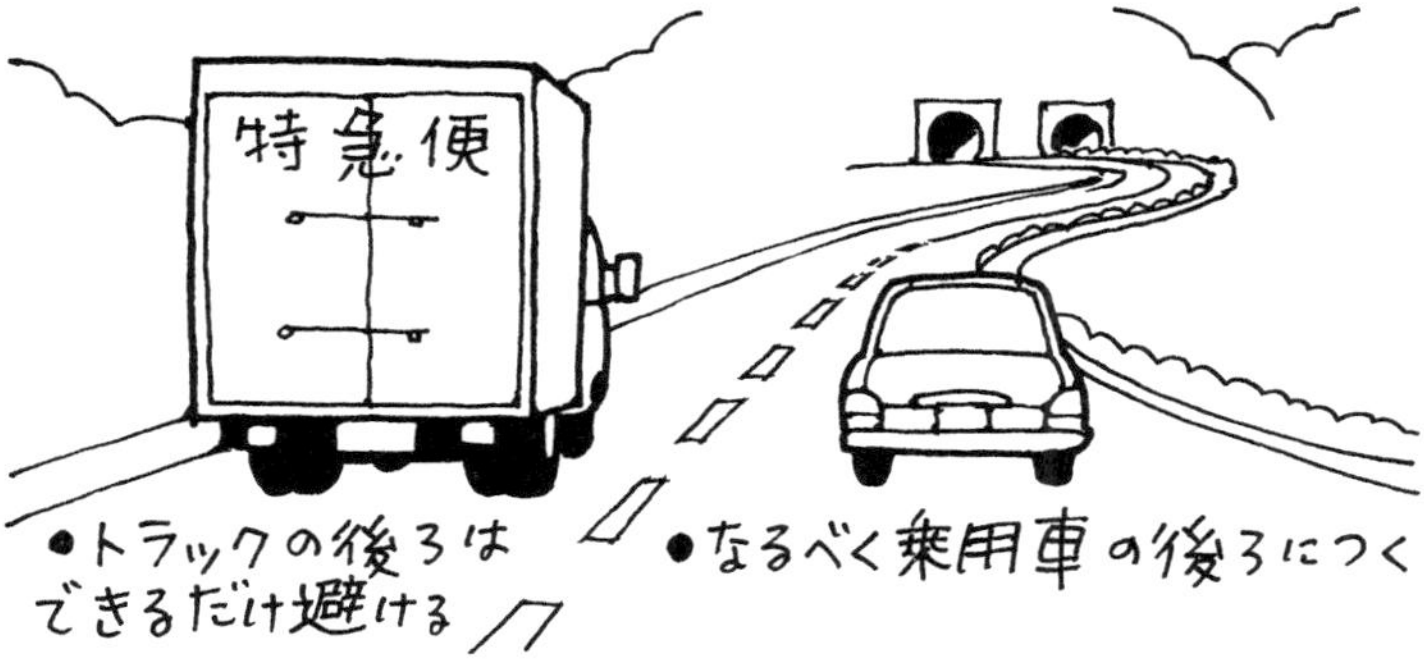
特急便
●トラックの後ろはできるだけ避ける
●なるべく乗用車の後ろにつく
何かあってもすぐ察知できる状況を作る

の車間距離の取り方を考え、それを実行しています。何かが起きてもすぐ察知でき、余裕をもってそれに対応できる時間を確保することを最優先に考えるのです。それにはまず、乗用車の後ろを走ることです。乗用車ならトラックより小さく、背が低いので、前の状況が確認しやすいからです。また、前のクルマの窓を通してその先が見えるので、そのクルマのドライバーと同時にあなたもそのクルマの前で起こったことを発見できます。これはとても大事なことで、私はそれによって何度もピンチを切り抜けてきました。この場合の車間距離はだいたい50mぐらいまでならなんとかなります。

これが大型トラックの後ろについていたら、前方の視界をまったくふさがれて、目に入るのはトラックのブレーキランプだけです。トラックがブレーキを踏んだら即座に自分も踏むという反射神経だけに頼る運転になってしまい、これはとても危険です。ですから私はトラックの後ろにはつきません。追い抜いて乗用車の後ろにつくか、ほんの少しスピードを落として、トラックとの間に乗用車を2、3台入れてやるようにしています。

高速道路での車線変更

いからといって早くすませようとしてはいけない

女性ドライバーは高速道路での車線変更を恐れているようですが、そのわりには大胆な車線変更をして驚くことがあります。隣の車線をミラーで確認し、空きがあると見たらウインカーを一、二回点滅させたところで、一気にハンドルを切って車線を移る、という方法をとることがあるのです。後ろのクルマはびっくりすることでしょうし、速度の速い高速道路ではクルマがふられて蛇行するなど、このやり方には危険がいっぱいです。もし、あなたもこんなやり方で車線変更しているのであれば、いますぐ改めてください。

高速道路でも、一般道と同じく、加速しながら車線変更するのがコツです。高速道路の走行車線（真ん中か左側の車線です）を走っていたら、時速80㎞／hぐらいでとろとろ走るクルマに前をふさがれたとしましょう。このクルマを追い越し車線（右側の車線です）に移って追い越すわけですが、そのまえにまず前のクルマとの間に距離をとることが重要です。車線変更は加速しておこなわないと絶対うまくいきません。その加速のために、前のクルマとの距離をとるのです。左ページの図でいうと①の状態からの車線変更は無理ですし、危険です。そこで②の状態へもっていくのです。前のクルマとの間にじゅうぶんな距離があると判断したら、まずウインカーを出して周囲のクルマに車線変更しようとしていることを知らせます。

そして右側のドアミラーを見て、右側車線にクルマが来ていないか確認してください（左側の

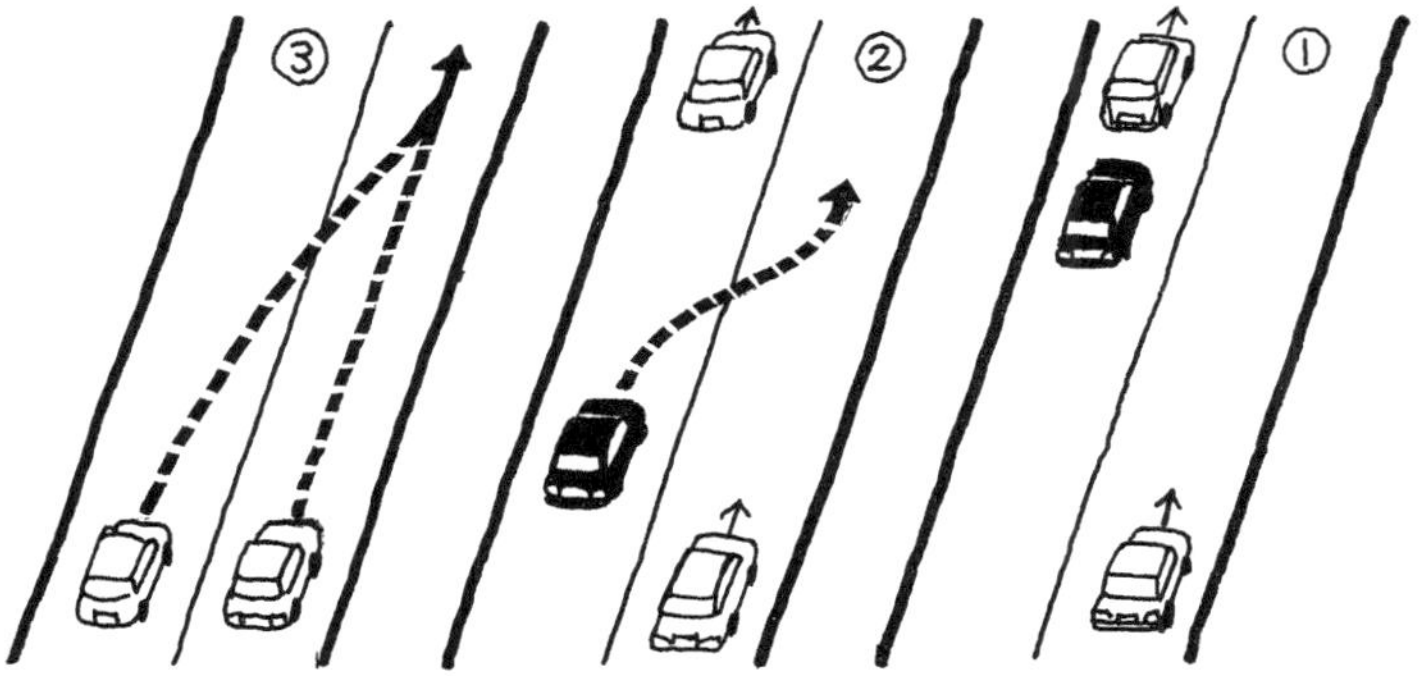

理想的な追い越しの条件は①ではなく②

車線に移るなら、ちゃんと振り返って目視しましょう）。安全だと判断したら、アクセルを強く踏み、スピードに乗りながら前のクルマに近づいていきます。この時点ではまだ前のクルマと同じ車線にいます。

怖がりの女性ドライバーは、車線変更をすぐにすませようと、ここでサッとハンドルを切りがちです。ハンドルは急いで切る必要はありません。心持ち肩をあずける程度でいいのです。長い斜めの直線を、スピードを上げて速く走っていくという感じ、図の③の左側のクルマのような軌跡を描いて追い越し車線に入っていきます。このとき、あなたのクルマは斜めに進みますから、図を見れば、少し長い距離を走らなければならないことがわかるでしょう。ですから、強い加速をおこなってまわりのクルマより速いスピードで車線変更をおこなわなければ、危険なのです。

走行車線に戻るときも、やはり斜めに行くことになりますから、そのままの速い速度を維持して、追い越したクルマからじゅうぶん離れたところで戻ります。もちろん、ウインカーを出し、ミラーと目視で後方を確認してからです。

できるだけブレーキのお世話にはなりたくない

本来、高速道路では、ブレーキを踏む回数は一般道路ほど多くありません。高速道路は信号もなければ、交差点もなく、歩行者もなくと、止まる必要がないようにつくられているのです。高速道路でむやみにブレーキを踏むと、後ろのクルマのドライバーをドキッとさせてしまいます。もしあなたが高速道路でもちょいちょいブレーキを踏むようであれば、あなたの運転に問題があると考えたほうがいいでしょう。

スピードの流れに乗って、少し先のほうを見ていれば早め早めにアクセルを加減できますから、そんなにブレーキのお世話にならなくてもいいハズです。遠くで不自然な動きがあったら、すぐアクセルから足を離す、これが高速道路走行の第一の鉄則です。すると、エンジンブレーキが効いて減速されます。さらに必要とあらばブレーキを踏んで、１００km／hから70km／hぐらいに落とすことです。そして、その「何か」には70km／hぐらいで近づき、それが完全に危険なもの（事故など）だったら、さらにブレーキを踏んで止まるか、なんでもないとわかったら、ふたたびアクセルを踏んで加速してください。

女性ドライバーに多いのは、前で何かが起きているなと気づいても、「アラ、何かしら」と漫然とアクセルに足をのせたまま進み、その直前まで来てからアッアッアーと、あわててブレーキを踏むというパターンです。これではとても間に合いません。

ハンドルをしっかり押さえ、ギューッとブレーキを踏む

70㎞／hからの急ブレーキと100㎞／hからの急ブレーキとでは、精神の動揺がまったく違います。また、100㎞／hからフルブレーキして止まれる距離は、普通は100m前後、プロのドライバーでもうまくやって50mですが、これが70㎞／hからのフルブレーキなら、その半分ですむのです。それに、たとえぶつかったとしても、70㎞／hからブレーキを踏んでいれば、衝突時には60㎞／hか50㎞／hくらいのスピードに下がっていきます。これはシートベルトさえしていれば生還が期待できる速度です。

あまりお世話になりたくないブレーキですが、たとえ100㎞／h以上からでも、踏む必要があるときは敢然と踏まなければなりません。前方でトラックが横転しているというような場合は、思い切ってブレーキを踏んでください。それもドンと蹴飛ばすのでなく力いっぱいギューッと絞り込むように。そしてハンドルを両手でしっかりと押さえ、クルマの向きが流れないようにしてください。最近のクルマにはＡＢＳがついていますから、クルマの姿勢をまっすぐ維持するのはそうむずかしくありません。

まわりのクルマの性格まで読むつもりで

高速道路では、他のクルマの流れに合わせて、むやみに車線変更せずに走るのが大事だと書きました。それを逆に言えば、クルマの流れを乱すようなクルマにはなるべく近づかないことが大事なのです。それには危ないクルマを早めに発見し、抜き去ってしまうことも大事ですが、うまくやりすごすことも同じように大事なのです。

たとえば、あなたが右側の車線を走っているとき、後ろから猛スピードでやってくるクルマがいたら、おそらくそのクルマはあなたの後ろギリギリまで詰めてくることでしょう。そうなる前に車線変更してさっさと行かせてしまうに限ります。早めにウインカーを出して、左側に移るよと、合図してやりましょう。ただ、ここで気をつけなければならないのは、そういう乱暴なクルマはあなたを左側から追い越そうと、加速しながら左側に入ってくる可能性があるということです。車線変更のタイミングが遅れると、左側の車線で鉢合わせする可能性があります。こういうクルマの手前で車線変更をするときは、その可能性を頭に入れておくことです。

また、私は高速道路では、大型トラックの前後左右をなるべく避けて走るようにしています。前に書いたように、大きなトラックに視界をさえぎられるのがイヤだということもありますが、もうひとつ、別の理由もあります。

トラックは急ブレーキが効きません。つまり、止まるまでには長い距離が必要です。また、加

こんな状況に陥らないよう、うまくやりすごす

速も乗用車のようにすばやくありません。しかも乗用車ほど安定しておらず、ひとつ間違えるとかんたんに横転してしまいます。こういうトラックと並んで走るのは、乗用車にとってはけっして安全とはいえないのです。前方で緊急事態が起きたとき、あなたは急ブレーキをかけるなり、ハンドルで回避するでしょうが、トラックにはそれが乗用車のようにはできません。あなたが事態を回避できたとしても、近くにトラックがいたら、巻き込まれる可能性があるのです。

あなたの前後左右にどんなクルマがいるか、つねにしっかり観察しつづけてください。そのクルマの動きが他のクルマ、そしてあなたのクルマにどんな影響を及ぼすか、それを推理しながら走るのです。高速道路での走行に慣れてくると、他のクルマがどんな動きをするかは、ある程度予測できるようになります。他のクルマが怖くてしょうがないという人は、その予測がまだつかないからなのです。いずれにせよそのためには、遠くを見て運転することと、ひんぱんにミラーを見て、自分の後ろがどうなっているのかチェックすることが欠かせません。

タイヤや警告灯をチェックしておこう

高速道路では、渋滞、事故など、やむをえない場合を除いて、けっして停止してはなりません。とくに本線上で止まってしまうと、あとから来るクルマに迷惑になるどころか、大惨事を引き起こします。ガス欠、故障などでクルマを止めてしまうと、むろん交通違反として罰せられます。

高速道路に入る前に、あなたのクルマの状態をチェックしてください。ガソリンはじゅうぶん入っていますか。オイル、冷却水のレベルは適正ですか。ファンベルトがゆるんでいませんか。ガソリンスタンドで点検してもらいましょう。

大事なのはタイヤです。タイヤの溝がすり減っていませんか。溝が3㎜以下にすり減ったタイヤで高速道路を走るのは、命にかかわります。高速走行ではタイヤの空気圧を2割がた多めに入れよと言われますが、現代のタイヤは相当よくなっていますから、これはそう気にすることはないと思います。空気圧が正常な範囲内にあるかスタンドで見てもらってください。空気圧が異常に低下しているようなら、パンクを疑ったほうがいいでしょう。

いまのタイヤはパンクしても、よほどのことがない限り、ゆっくり空気が抜ける（これをスローパンクチャーといいます）ように作られています。すぐにタイヤがぺちゃんこにならなくていいのですが、逆に空気の抜けかかったタイヤで気づかずに高速道路を走行してしまうという事態も起こります。そうなると、走行中にタイヤが変形して波打つようになり（これをスタンディングウ

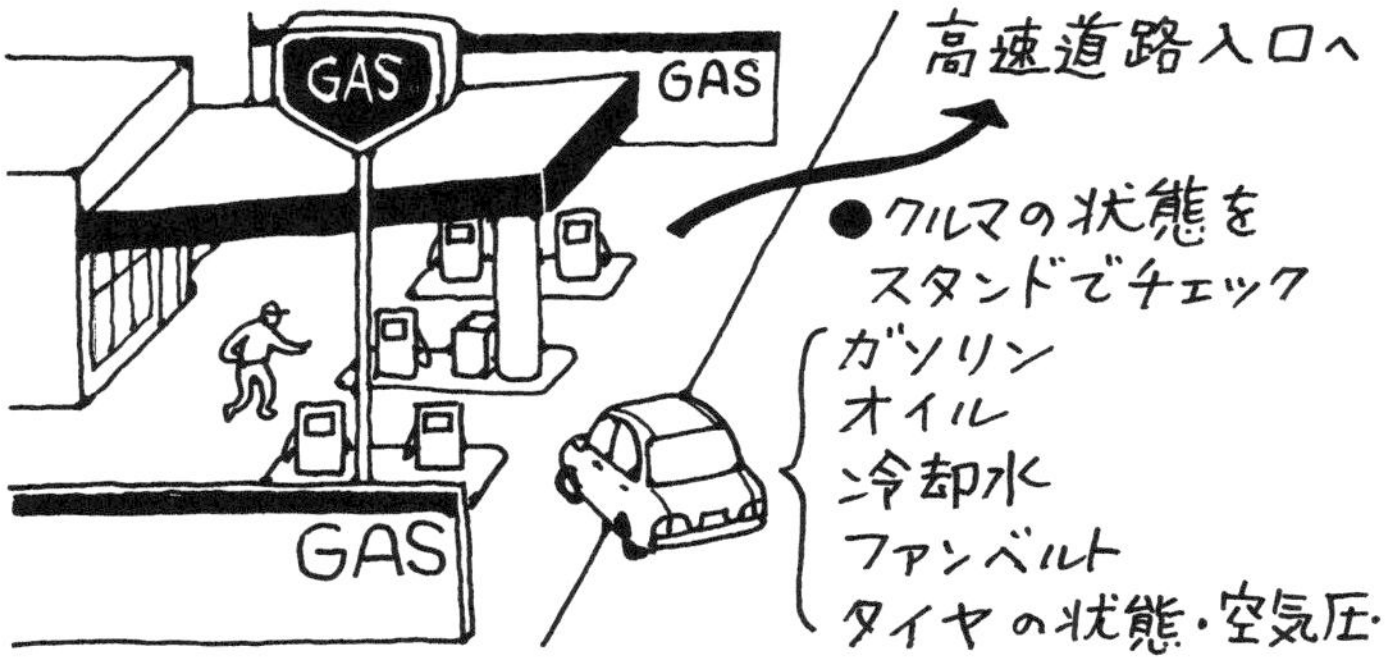

これだけ見てもらえばかなり安心して走れる

ェーブといいます）、最後にはバースト、すなわちタイヤが一気に破けてぼろぼろになります。

もし、高速道路でタイヤがバーストしたら、けっして急ブレーキを踏んではいけません（スピンして、クルマがひっくり返ってしまう可能性があります）。ハンドルをしっかり押さえ、ハザードランプを点けてまわりのクルマに合図しながら、エンジンブレーキでゆっくり路肩に寄せましょう。

走っているあいだは、燃料計はもちろん、スピードメーター以外のメーター類、警告灯（ワーニングランプ）にも注意してください。水温計が異常に上昇するようなら、オーバーヒートです。国産車で水温計が90度を超えるようなら、冷却水が足りなくなっている可能性があります。電流低下の警告灯にも気をつけましょう。これは発電機が電気をバッテリーに充電していない、すなわちバッテリーがあがることを意味しています。他にも、重要な警告灯がありますので、取扱説明書であらかじめ確認し、その意味と対処法を覚えておいてください。警告灯が点いたら、スピードを少し落として走行し、次のサービスエリアでクルマを見てもらいましょう。

分岐で迷ったらとにかくそのままのコースで進む

初めて通る高速道路では、出口で迷うことがあります。あそこの出口でいいのかなあ？　あれっ、違うのかしら。えっ、えっ？　と考えている間に、どんどん分岐は迫ってきます。この状態はきわめて危険です。ブレーキを踏んでゆるゆるとスピードを落としたあげく分岐レーン上でストップというのも危険ですが、最悪の場合は分離帯に激突とあいなります。

初心者はこういうときの決断が苦手ですね。いや、初心者でなくとも、一部の自動車専用道路、たとえば首都高速道路などは行き先の表示が不親切なので、はじめて入った人はおおかた迷うでしょう。しかし、道を間違えることはミスではありません。長い時間（といっても数秒間）決断がつかず、迷いつづけることが致命的なミスになるのです。

私はとっさにハンドルを切れといっているのではありません。よく、助手席から「あ、ここ、ここ」と言われ、あわててハンドルを切る人がいます。これもきわめて危険です。自信のない初心者が陥りやすいワナですが、そもそも１００km／hで走っているクルマでは、１００m手前で「ここ」と言われてもとうてい間に合いません。いや、50km／hでも同じです。直前になって言われることには聞く耳をもたないことです。決然と、そのままのコースでクルマを動かしつづけてください。大事なのは、いったんそうと決めたら、そのレーンを守るということです。

もし、どうすべきか迷っても、けっしてクルマを止めたり、急に進路を変更しないで、いさぎ

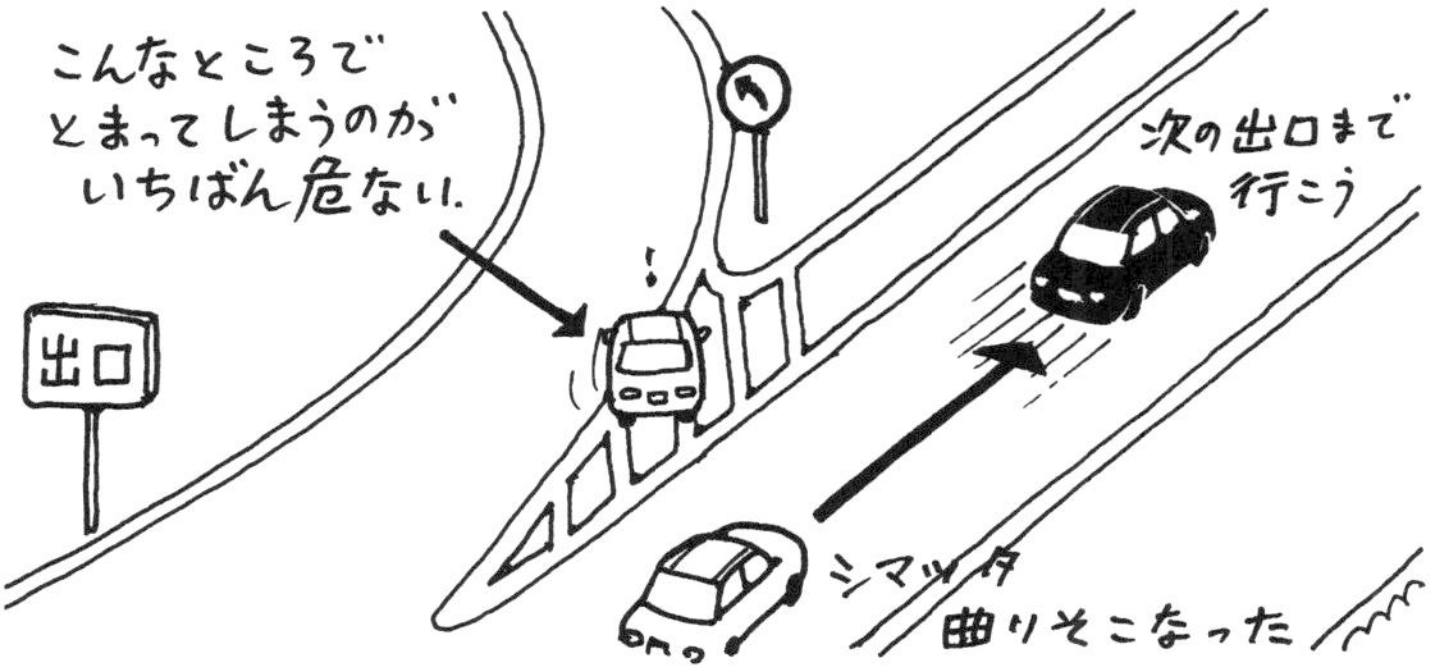
こんなところで
とまってしまうのが
いちばん危ない
出口
次の出口まで
行こう
シマッタ
曲りそこなった

どこへ行ってもかならず道はつながっているのです

よくそのままの進路を保ってください。高速道路では迷ってジタバタすることがいちばん危険です。ときどき出口で降りそこねたドライバーが、こともあろうに路側帯をバックして入りなおそうとしていることがあります。とんでもないことです。後ろから来たクルマを巻き込んで大惨事になります。

また、降りるレーンに入ってから間違えたことに気づいても、あわててもとのレーンに戻らないでください。とにかくいったん起こした行動は、たとえ間違えていようがなかろうが、最後まできちんとおこなってください。間違っていたらまた入り直して進めばいいのです。どこへ行っても、かならず道はつながっているのですから。

こんなときカーナビはかなりの威力を発揮してくれます。前もって「何km先で分岐です」と教えてくれるので、車線変更や減速など、あらかじめ準備する余裕があるからです。カーナビがなかったら、前に書いたように、ダッシュボードにメモを貼っておく方法がいいでしょう。二つ前の出口から順番に一枚ずつ書いて貼っておき、通過するごとにはがしていくのです。

早めに渋滞に気づいて後ろのクルマに合図

何度も書いたように、１００km／hとは1秒間に28ｍも進むスピードです。高速道路では、遠くで起きていることは、あっというまに目の前の現実になります。はるか前方でブレーキランプがちらちら点灯して、クルマの流れがとどこおっているなと思ったら、すぐアクセルから足を離してください。渋滞がはじまっている可能性があります。

高速道路の渋滞末尾は、自分が前のクルマに追突したり、後ろから追突されたりと、いわゆる玉突き事故が起こる危険なポイントです。大事なことは渋滞しそうなところを事前に意識して、早めに渋滞に気づくことです。たとえば、東名高速道や中央道などから、首都高速道へ入るところは慢性的に渋滞しています。こういうところはある程度予測がつきますが、事故や工事など、思いもかけなかったところで渋滞しているときが危ないのです。つねに掲示板の渋滞情報を注意してください。早めに渋滞に気づけば自分も追突しなくてすみますし、後続車にも早めに合図をして、追突されるのを予防することができます。

渋滞を見つけたら、すぐにブレーキを踏んで、ルームミラーを確認、ハザードランプを点灯して後続車に渋滞を伝えます。あなたの命を守るためです。後ろのドライバーが不注意な人だと、そのままあなたのクルマに突っ込んでくるかもしれません。ここで大事なのは、かならずルームミラーを確認するということです。後ろのクルマが突っ込んでくるようなら、なんとかして逃げ

後ろのクルマが止まってくれればひと安心

るしかないからです。渋滞の最後尾について停止するときも、私はなるべく前のクルマとの車間距離を空けるようにしています。万が一、後ろからクルマが突っ込んできたさい、路側帯へ逃げるなど、打つ手が少しは残されるからです。

　渋滞の原因は工事や事故などさまざまですが、自然渋滞が起きるところはだいたい決まっています。長い上り坂の途中にトンネルがあるところなど、その典型です。上り坂のため、気がつかないうちにクルマのスピードが落ちますし、トンネルに入るさい、心理的な抵抗があって思わずアクセルをゆるめます。そこで1台でもブレーキを踏むクルマがいると、後続車が次々とブレーキを踏み、だんだん渋滞していくというわけです。ですから、そんな上り坂のところには、「速度低下に注意」と書かれた看板が立っているところがあります。

　危険なのは長く連続した見通しの悪いカーブの先で渋滞している場合です。クルマがすいていて快調に飛ばしているとき、往々にしてそういうことがあります。クルマの流れはすいているところと、とどこおっているところが混在していますから気をつけましょう。

クルマがふらつくのは心の動揺が原因

初心者のなかには、高速道路をまっすぐ走ることができず、妙にふらつく人がいます。その理由はかんたんです。普通の道を走っているときと同じ感覚でハンドルを「切ろう」とか「まっすぐのまま維持しよう」とするからです。こういう人の運転を見ていると、たいてい緊張してハンドルをギュッと握り、つねにハンドルに小刻みな修正を加えています。

しかし、こんなハンドルさばきではクルマはますますフラフラするばかりです。ハンドルが小刻みに動くためにクルマが左右に動き、驚いてまた逆方向に切るので、ふたたび左右に動く結果になるのです。高速道路でハンドルがフラフラするというのはほとんど、あなたの心の動揺のせいです。高速道路を走るにはまずは肩から力を抜くことです。大きく深呼吸して、ふーっと全身の力を抜いてリラックスしてください。そして手首から先の力を抜いて、軽くハンドルを握るようにするのです。そうすればクルマはまっすぐ進みます。

高速道路のカーブではハンドルを「切ろう」と思ってはいけません。ハンドルを10時10分の位置で保持したら、コーナーの先（だいたい150～200m先です）をしっかり注視して、アクセルを踏めばいいのです。意識してハンドルを切らなくても、自分が見ている方向に、ごく自然にクルマが曲がっていきます。高速道路のカーブは、遠心力がかかることを考慮して道路がカーブ内側に傾斜（カントといいます）しており、カーブの曲率もクロソイド曲線といって、少しずつハ

ときどきサービスエリアで休憩もとりましょう

ンドルを切ればよいように作られています。これはとても走りやすい条件なのです。そこを１００㎞／ｈで走る場合、ハンドルを切るという感覚ではありません。

もし、道路上に何か落ちていたとしても、それを避けるためあわててハンドルを切ってはいけません。クルマは大きく蛇行し、まかり間違えばスピンします。避けるにしてもゆったりとした角度で避けることです。もちろん何が落ちているかにもよりますが、もし、避けるのが不可能だったら、ブレーキを強く踏んで、少しでも衝撃をやわらげて踏んでしまうほうがずっと安全でしょう。

私は高速道路の長距離ドライブをするときは、かならず１時間ごとに深呼吸して、肩の力を抜いています。２時間も３時間もハンドルを握ったまま前方を注視していると、肩が凝ってきますし、また眠気に襲われます。高速道路では知らず知らずのうちに緊張していますから、それが軽い催眠状態を誘発して、前方の渋滞など、気がつくべきはずのことに気がつかないことがあります。それを避けるためにもリラックスが必要なのです。

ハイドロプレーニングを知っていますか

高速道路で雨が降ってきたら、まず意識してほしいのは、路面が濡れているとブレーキが効かなくなるということです。ブレーキ時のスリップを防ぐABSがついていても安心はできません。路面が滑りやすくなると、ABSつきのクルマは止まるまでの距離がかなり延びます。スピードを2割がた落として、できるだけ前のクルマと車間距離をとるようにしてください。

気をつけなければならないのはハイドロプレーニングです。ハイドロプレーニングとは、道路の上にできた水の膜にタイヤが乗って、まったくグリップが効かなくなる状態のことです。いまでは路面がかなり整備されたので少なくなりましたが、わだちになっているところには水たまりができることがあります。ここに高速で突っ込むと、クルマが水に浮いた船と同じような状態に陥り、ハンドル、ブレーキがまったく効かなくなります。とくに片側のタイヤがグリップしているのに反対側が滑ると、クルマがスピンしてしまうこともあるのです。

やむなく水たまりに突っ込むときは、アクセルを戻し、そのまま、まっすぐ通過してください。絶対にハンドルを切ってはいけません。ここでのちょっとした動きはスピンにつながります。通過する時間はせいぜいコンマ1秒程度ですから、じっと我慢して通り過ぎましょう。

最近の高速道路の路面は、透水性舗装といって水を吸い込みやすい構造になっているところも増えてきました。これは水たまりによるスリップ事故を避けるために考えられたもので、とても

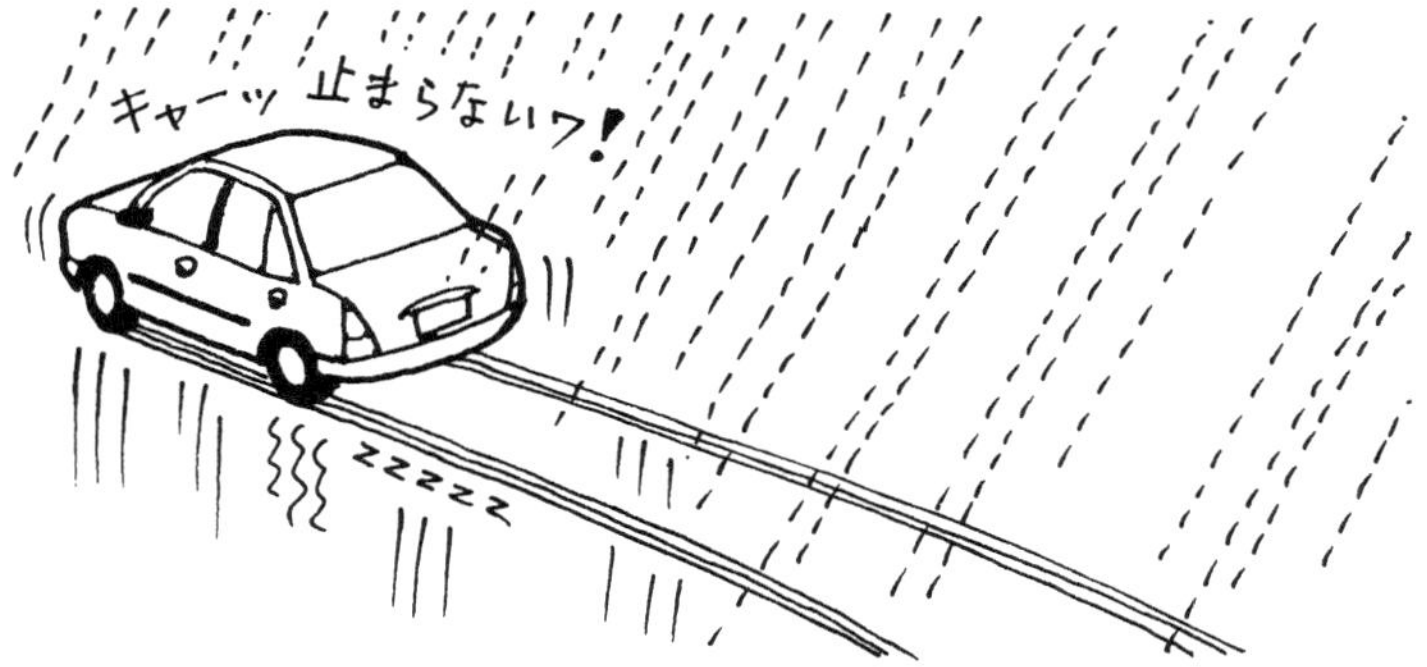

ABSがついていても安心はできない

効果的です。しかし、その透水性舗装も、雨が降りはじめたときは注意が必要です。路面に詰まっていたホコリやタイヤの微粉末が浮き出し、とても滑りやすい状態になってしまうのです。しばらく雨がつづいてホコリが流れてしまうと、透水性舗装本来の機能を発揮してくれますから、雨の降りはじめにはとくに注意して走ってください。

雨の日の高速道路でもう一つイヤなのは、視界が悪くなることです。まずはガラスをきれいにして視界を確保しましょう。しかし、前のクルマの跳ね上げた飛沫で、視界がとざされることもあります。とくに横から大型トラックに抜かれたりすると、数秒間、まったく前が見えなくなってしまいます。ワイパーを速く動かしても、何の効果もありません。こうなると、その数秒間は、ブレーキもハンドル操作も極力控えて、そのまま進むしかありません。高速道路で雨が降ってきたら、たとえ昼間でも私はかならずヘッドライトを点灯します。スモールライトではじゅうぶんではありません。こちらから相手がよく見えるからではなく、前を走っているクルマにこちらの存在に気づいてもらうためです。

クルマの中にいないで安全な場所で待機

エンジントラブル、パンクなど、高速道路走行中の故障はあってはならないことですが、クルマも機械である以上、つねにその可能性をかかえています。ただ、高速道路上での故障は、まかり間違えると重大事故につながりかねません。落ち着いて、的確な対処をする必要があります。

本線車道を走行中、クルマがストップしそうになったら、ハザードランプを点灯して周囲のクルマに異変を知らせ、慎重に路側帯に寄せて停止します。最悪なのは本線上で停止することです。これだけはなんとか避けて、できるかぎりクルマを路側帯に寄せてください。余裕があるなら、なるべく道路がまっすぐな見通しが利くところで止まります。トンネルの中や路側帯のない自動車専用道では、なるべく本線から少し凹んだ待避用のスペースに止めます。

クルマを止めたら、ハザードランプを点けたままエンジンフードを開け、クルマの存在を目立たせます。クルマを止めたらクルマの中にいてはいけません。クルマの中に残っていると、運悪く追突されたときたいへんなことになります。高速道路わきが土手になっているならそこに上るか、ガードレールの外に出るなど、安全な場所に避難してください。トンネルの中で停止した場合は、左側の一段高くなった歩行用通路に避難します。停止表示板（大きな赤い三角形のあれです）をクルマの後方１００ｍぐらいのところにおきますが、この際も気をつけて、ガードレールの外側など安全なところを通っていきます。停止表示板をクルマの直後においている人がいますが、

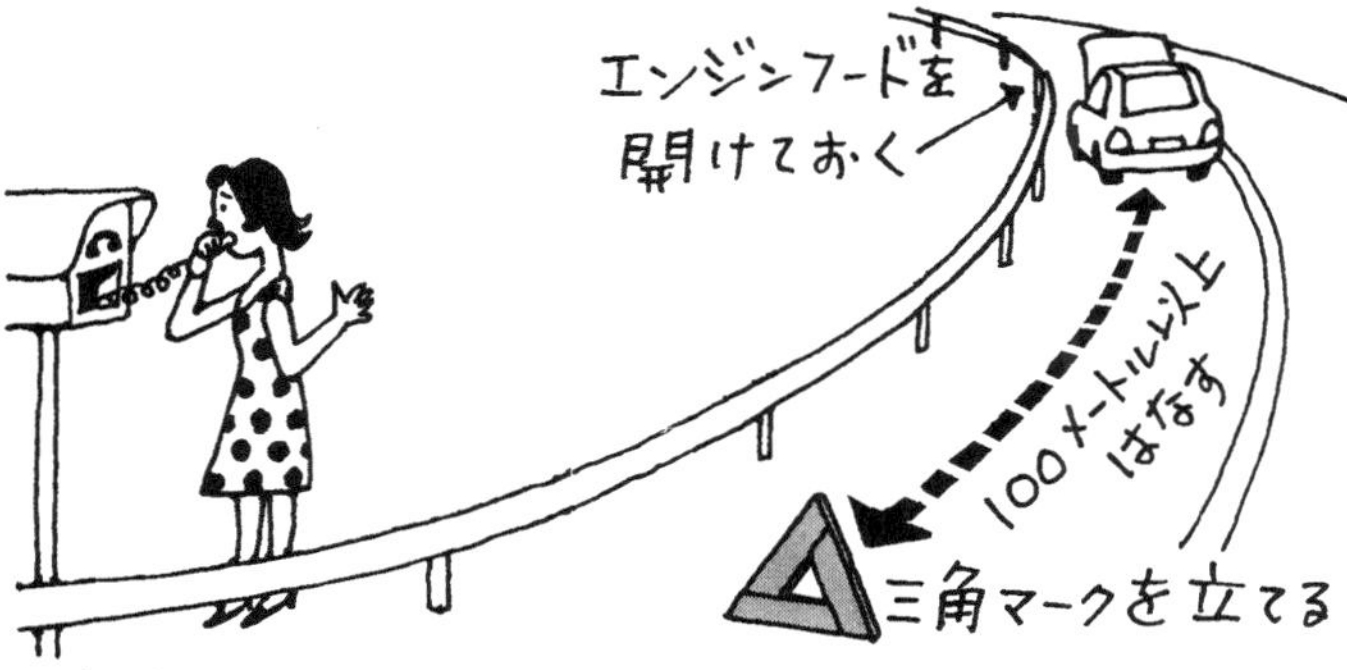

トラブルが起きたら安全を確保して救援を待つ

それではなんの意味もありません。とくに夜間、クルマがすいているところでは、前を走るクルマだと錯覚した後続車が、テールランプめがけて突っ込んでくる可能性があります。また、夜間、ガードレールの外に出る場合は、高架橋の上でないことをよく確認してください。うかつに外へ出ると墜落してしまいます。

もちろん管理事務所に救援をあおぐ電話をするわけですが、このための非常用電話は１kmおき（トンネル内は２００ｍおき）に設置されています。ここに行くまでも、なるべく路側帯は避けて安全な経路を行きます。しかし、なるべくなら、携帯電話で連絡をとるほうがいいでしょう。ＪＡＦ（日本自動車連盟。クルマの救援サービスをおこなっている団体。１８６頁参照）へは携帯電話からなら全国どこからでも＃８１３９を押せば通じます。ただ、この場合は、クルマの位置を相手に伝える必要があります（非常用電話なら、どこからかかってきたか相手にはすぐわかります）。高速道路では起点から何ｍと書かれた表示が１００ｍおきにありますから、それを確認して自分の位置を伝えてください。

ETC

高速道路を使うならＥＴＣをつけたほうがいい

いまや高速道路の料金支払いは、ＥＴＣを使うのが基本となりました。夜間割引など、高速道路料金の割引制度を利用する際も、ＥＴＣでないと適用されませんし、東京の首都高速などでは現金払いだと距離別料金体系が適用されず、割高になってしまいます。

ＥＴＣを利用しなければ、料金所のゲートに入るさい、小銭を出し入れすることになりますが、これはちょっと面倒です。小銭を落として床をさぐったりしていると、追突事故を起こしてしまいます。運転に集中するという意味でも、ＥＴＣは役に立つと言えるでしょう。

ですから、ときどきでも高速道路を使うなら、クルマにＥＴＣの装置をつけることをおすすめします。ＥＴＣは装置だけあっても、カードが入っていなければ機能しません。カードはあなた名義でつくられ、クレジット会社を通してあなたの口座から通行料金が引き落とされます。むしろ他人のクルマに乗るときには、自分のカードを挿入するわけです。装置の取りつけとセットアップ（装置をセットアップしてあなたのクルマのデータを入れないと、機能しません）はクルマのディーラーやカー用品店でおこないます。ＥＴＣカードはクレジットカード会社で発行してくれますから、そこに申し込みます。

ＥＴＣの利用でよくあるのが、装置にＥＴＣカードを入れ忘れたり、カードの期限が切れていたりというトラブルです。ゲートにバーがある料金所では、バーが上がりませんから、そこで停

高速道路に入る前に確認しましょう

止し、係員の指示を待つことになります。よくETCゲートを減速せずに通過しようとするクルマがありますが、このように前を行くクルマが停止することがあるので、非常に危険です。

首都高速や阪神高速などの都市高速道路の入口は料金所ゲートにバーがないところがありますが、これをカードを入れ忘れて通過してしまった場合はどうすればいいでしょう。気づいて急ブレーキを踏んだりすると追突される危険がありま す。料金所の先で停止してクルマから降り、歩いて料金所に戻って支払いをしようとする人がいますが、これはもっと危険です。この場合は後で払うことにして、目的地に向かうしかありません。と言っても都市高速道路の場合、出口に料金所はありませんからそこで精算することもできません。このようなときは、あとでそれぞれの都市高速会社の「お客様窓口」に電話をかけると、支払い方法を教えてくれます。クルマのナンバー、どこから乗ってどこで降りたか、その時刻などを申告します。ETCカードが期限切れでなければ、カードの番号を伝えれば、そこから引き落としてくれます。

第7章

山道を気分よく走るために

あまりにノロノロ走るのは考えものです

本来クルマの運転がいちばん楽しいのは山道です。適切なギアを選び、理想的なコーナリングポジションを選びながらエンジンの性能を目いっぱい使ってやって、コーナーをすばやく走り抜けていくという楽しみ方です。世のバカな男どもは、このコーナリングスピードをいかに上げるかに熱中するのです。しかし、それには相応の技術が必要ですし、また、いまや山道といっても対向車のほとんど来ないような道はまれで、そうそう思い切った走りはできなくなっています。

あなただって、なにもタイヤを鳴らして無理なコーナリングなどする必要は認めていないことでしょう。それが正しいと思います。せっかく日常の喧噪を離れて山に来たのですから、どこか見晴らしのいい場所をみつけたら、時おりクルマを停めて、景色を楽しむぐらいの余裕がほしいものです。

そうはいっても、山道をノロノロと走り、後ろに何台ものクルマが詰まってしまうなどという走りは感心しません。それではまわりのドライバーをいらいらさせてしまいます。おとなしい女性ドライバーは山道というとアクセルをおずおずと踏みがちですが、後ろのクルマのためにも、ある程度は常識的なスピードで走ってください。要はまわりのクルマと同じくらいのスピードで走ればいいのです。普通のクルマの流れに伍して、スムーズにコーナリングできるようになると、あなたのドライブは一段とエレガントになるでしょう。

山道でもある程度は常識的なスピードで

そのためにはまず、上り坂のペースをあげてみるのがいいと思います。多くの女性ドライバーが意外とノロノロとしか走れないのが、上りの道です。ここでペースを上げられれば、ずいぶんと違うハズです。上りの場合は、アクセルを離せば地球の引力が働いて自然にスピードが落ちますから安心です。大胆にアクセルを踏み込んで、ギアをキックダウンさせ強い加速を得てください。山道といえど、上り坂でまっすぐなら、むしろ平坦な道より簡単です。上り坂のカーブも、見通しがよければ思うよりずっとかんたんに曲がれます。こういう場合は引力が味方になっていることを覚えてください。

それでももし、あなたの前方がずっと空いていて、ルームミラーを見たら後ろに何台もクルマが続いているようでしたら、まっすぐな見通しのよいところでクルマを左側に寄せ、スピードを落として、後ろのクルマを先に行かせてやりましょう。ウインカーを左側に出して合図してやるといいでしょう。よく、見通しの悪いカーブの直前などで、抜いてくださいと合図してくるドライバーがいますが、それは配慮が足りないというものです。

山道で怖い「フェード」を知っていますか

山道で最も気をつけることはブレーキです。下り坂ではブレーキの使い方によって、ブレーキがまったく効かなくなってしまう、フェードが起こるのです。

フェードというのは、ブレーキが摩擦熱で過熱してまったく効かなくなることです。フェードがはじまると、だんだんブレーキの踏みしろが深くなってきます。はじめは真ん中ぐらいまで踏まないと効かないようになり、最後にはスカスカになって、ついにはぺたんと床につくまで踏んでも効かなくなります。いまのブレーキはおおかたディスクブレーキで、鉄製の円盤（ディスク）をパッドで挟み込んで、車輪の回転を止める構造になっています。フェードが起きるとこのディスクが真っ赤に熱せられて、夜でも本が読めるぐらいになります。その状態ではブレーキはまったく効きません。

フェードからベーパーロックが起きることもあり、これも危険です。パッドがディスクを押さえる力はブレーキオイルで伝えられるのですが、このブレーキオイルの中に熱のため気泡が発生し、ブレーキをいくら踏んでも踏みごたえがなくなって、ブレーキが効かなくなるのです。

フェードを起こす原因のひとつが、中途半端にブレーキペダルに足を載せたまま、だらだらと坂を下りていくことです。ブレーキが効くか、効かないかぐらいでディスクとパッドを接触させていると、その摩擦でだんだんディスクが熱くなってフェードしてしまうのです。

ブレーキを使いすぎるとこういうことになる

ですから、山道を下るときは、ブレーキを踏みっぱなしでは危険です。踏むべきところでギューッと踏んでやり、ブレーキペダルから足を離してください。すると風が入ってきて、自然にディスクが冷やされます。ブレーキを無駄に使わず、効きを保たせるように意識してください。

フェードを防ぐために、エンジンブレーキを効かせるという方法があります。オートマチック車なら、シフターをDレンジのところから3レンジか2レンジに入れると、ブレーキを踏まなくてもすこし減速されるようになるのがわかるでしょう。最近の高性能車では、とくにシフターを操作しなくても、カーナビの位置情報などから下り坂を検知して、アクセルから足を離したときや、ブレーキを踏みはじめたときに自動的に低いギア比を選んで、適度なエンジンブレーキを効かせるものもあります。

ブレーキがフェードしたら、クルマを止め、冷やすしかありません。小一時間も待てばディスクが冷えて、また効くようになります。ブレーキの使いすぎではなく、故障が原因の場合もありますから、修理工場でみてもらいましょう。

下り坂で役に立つエンジンブレーキのしくみ

それではエンジンブレーキとは何でしょう。それはタイヤの回転を押さえつけて止める機械的なブレーキではありません。それは、ガソリンを送り込まなければ、回転が落ちてしまうエンジンの性質を利用して、スピードを落とすことなのです。ちょっとむずかしい話になりますが、ここで少し説明しておきましょう。

普通の乗用車で使われるエンジンはガソリンと空気の混合気を燃やして回ります。この混合気を燃やすために、エンジンは吸気、圧縮、爆発、排気という行程をくりかえしています。この四つの行程のうち、クルマを走らせるエネルギーが取り出せるのは、爆発だけです。アクセルを踏むと、爆発のときに燃やすガソリンが多く供給され、より強い爆発が起こって、エンジンはより強く回ろうとします。ところが、アクセルを離して送り込むガソリンをカットしてしまうと、エンジンは強い爆発力を得られません。しかも吸気、圧縮、排気という行程には、それぞれ、空気の抵抗がありますから、エンジンは回転を落としてしまうのです。

エンジンブレーキとは、このエンジンの性質を利用することをいうのです。つまりアクセルを離したときに、エンジンの回転が落ちるマイナスの力で、クルマのスピードを下げることなのです。注射器のピストンを押したり、引っぱったりするには力がいりますね。その力がブレーキになっていると想像すると、イメージをつかみやすいかもしれません。

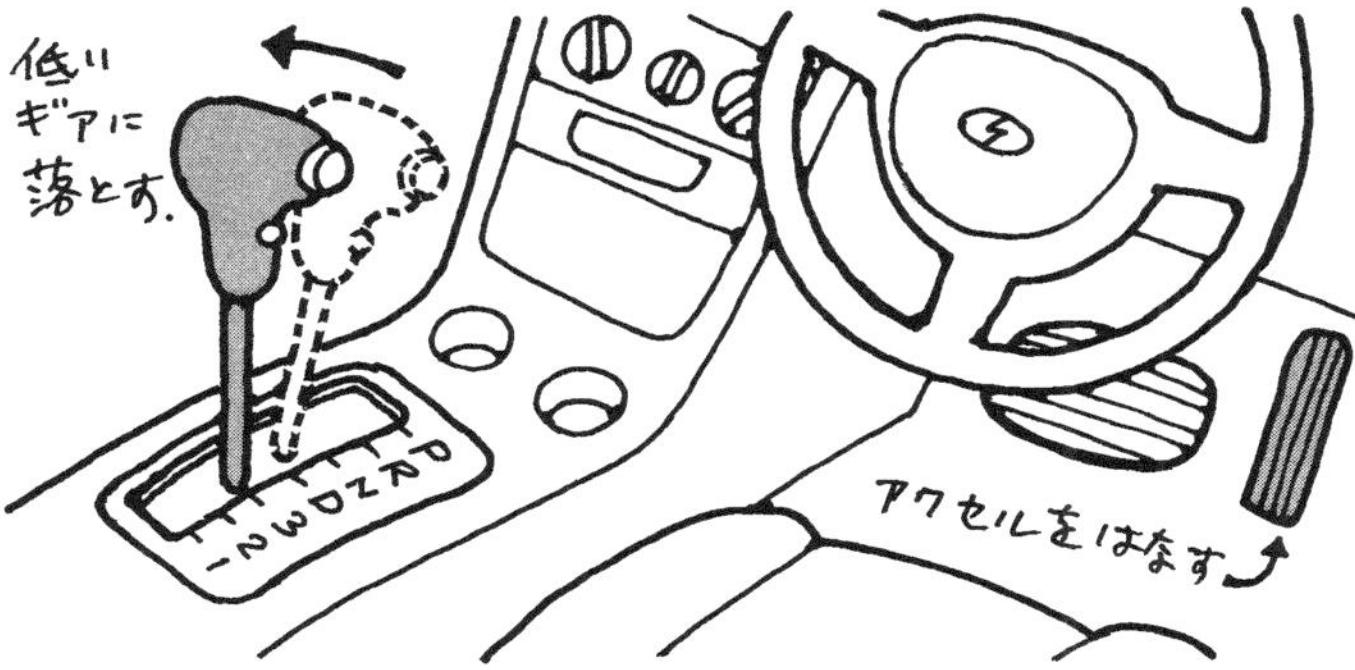

たったこれだけのことでスピードを落とせる

山道を下るときにはエンジンブレーキを使うという意味がもうおわかりですね。そうです、長い下り坂を下りるときは、アクセルを離して、より低いギアに落としてエンジンの回転数を上げてやれば、エンジンの回転抵抗が増えて自然とブレーキになってくれるのです。エンジンブレーキは、エンジンの回転が高いほど強く働きます。つまり4速よりは3速、3速よりは2速と、低いギアにしてやればやるほど、より強い抵抗が得られるのです。そのうえエンジンブレーキにはフェードもベーパーロックもありません。いくら使っても、性能が落ちないブレーキというわけです。

CVT車ではシフターに積極的にエンジンブレーキを使うためのレンジの設定がないものもありますが、スポーツモードを示すSレンジなどがある場合はそれを選べばエンジンブレーキが強まります。ハイブリッド車も、エンジンブレーキを積極的に使うことはできないものがありますが、ブレーキペダルを踏むと「回生ブレーキ」というタイヤの回転で発電することにより減速する機能もいっしょに働くので、このおかげで通常のブレーキの負担が抑えられています。

見通しの悪いコーナーではセンターラインから離れる

山道でつねに注意しなければならないのは、対向車です。見通しの悪いコーナーの向こうから、何がやってくるかは神様が知るのみ。ことによったら暴走車がセンターラインをオーバーして、あなたの車線に飛び込んでくるかもしれませんから、それに備えた運転が重要なのです。

山道のコーナーではかならず右側か左側のどちらかが山になっていて、反対側が谷になっています。たとえば、右カーブで左側が山（つまり右側が崖）、あるいは左カーブで右側が山（左側が崖）の場合は、カーブの内側に谷があることになります。この場合、カーブの向こうが見通せますから、問題はありません。問題はコーナーの内側に山がある場合です。

コーナーの内側が山になっているところでは、コーナーの向こうからクルマが来ているかどうかわかりません。そこで私は、こういう見通しの利かないコーナーでは、対向車のはみ出しに備えてなるべくセンターラインから離れて走ることにしています。

とくに左コーナーで左が山側というのはむずかしく感じると思います。あなたのクルマはコーナーの内側を通ることになり、コーナーに入るときはその先がまったく見えないのです。ここはコーナーの手前でじゅうぶん速度を落とし、内側に寄って走ります。もちろん、左側に歩行者などがいるといけませんから、最低でも50㎝程度の余裕は空けて走りたいところです。逆に、右コーナーで右が山という場合、自分はコーナーの外側を通ることになるので少しは先が見通せます

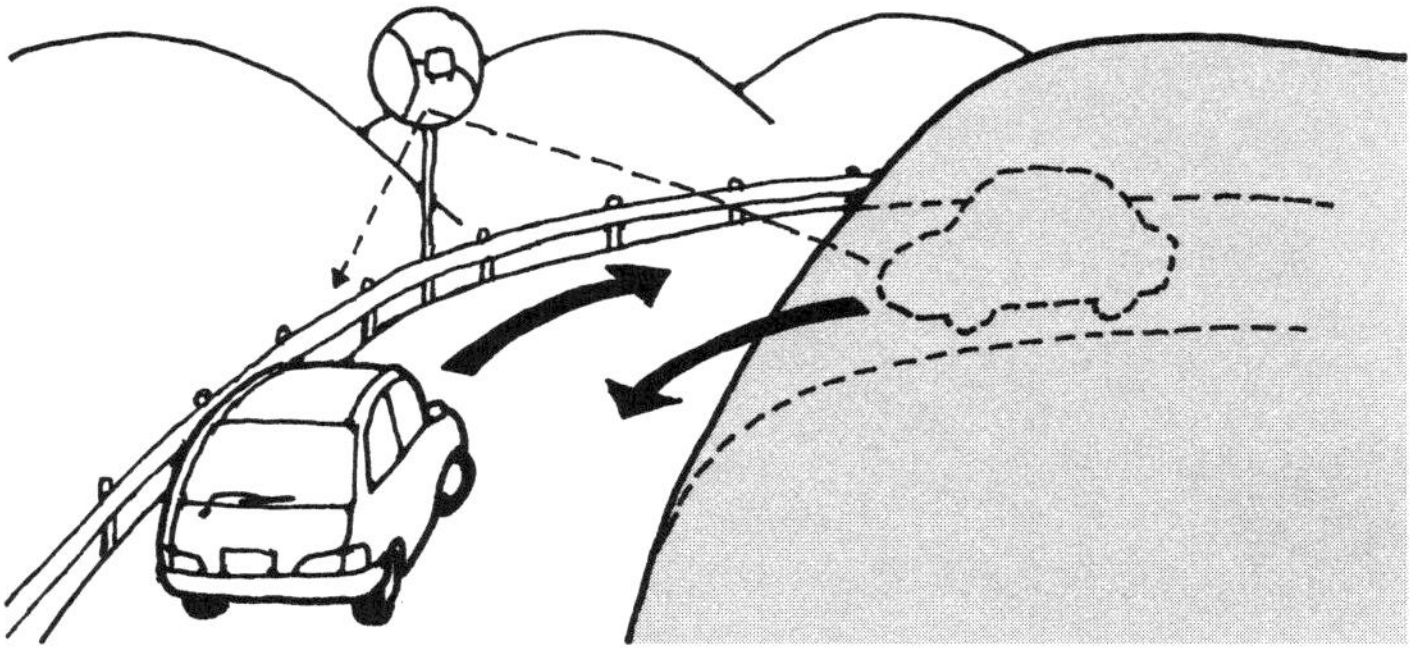

見通しの悪いカーブでは対向車が見えないのが怖い

から、ちょっと安心と思うかもしれません。ところが、じつは右コーナーのほうが危ないこともあるのです。なぜなら、対向車はコーナーの内側を通るので、スピードを出しすぎているとと外側、つまりあなたのクルマのほうに飛び出してくる可能性が高いからです。見通しの悪い右コーナーでは、これを避けるため、なるべく外側を走ってください。

いずれの場合も、アクセルを踏み込むのは目の前がひらけたあとです。前に、山道でもある程度はペースを上げて走れと書きましたが、それはあくまで見通しのいい箇所での話です。見通しのいいところもこわごわゆっくりと走り、コーナーでは危険を予測できずスピードを落とさないというのでは、まったく逆。ペースを上げられないうえに危険です。

コーナーの基本はスローイン・ファストアウトです。つまり、コーナーの手前でじゅうぶんスピードを落とし、コーナーの半ばをすぎて先が見通せるようになってから、加速するのです。重要なのは見る運転です。目の前に何もないことを確認するまで、加速してはいけません。コーナーにカーブミラーがあるときは、それも活用してください。

山道のコーナー②

低いギアに入れればコーナーもスムーズに曲がれる

山道を登るとき、オートマチックをDレンジに入れたまま、あとはアクセルを踏むだけという走り方をしていませんか。むろん、これでも上れないことはないのですが、少々ぎくしゃくした走りになってしまいます。なぜなら一般的なオートマチック車は、アクセルを離すとすぐに高いギアにシフトアップしてしまうからです。これが山道ではもたつきの原因になるのです。

急坂のつづら折りを上るとしましょう。アクセルを強く踏むと、クルマは自動的に3速あるいは2速と、低いギアを選択します。そのままきつい上りのコーナーにさしかかったところで、減速しようと少しアクセルをゆるめると、ギアはストンと4速など高いギアにシフトアップしてしまいます。これでは力が足りません。アクセルを踏み込むとまた2速に落ちるのですが、これをくりかえすため、クルマはガー、ストン、ガー、ストンと、もたついた動きになってしまいます。

こんなときはシフターを動かして最初から2速（2レンジ）に入れておくのです。CVT車でもSレンジなど低いギア比で走らせるレンジがあればそこに入れます。すると、コーナーの前でアクセルをゆるめてもシフトアップが起きず、低いギアのまま上りコーナーに入っていけます。

アクセルから足を離すだけで、エンジンブレーキが効きますから、上りのコーナーではブレーキ操作がいらなくなる場合もあります。さらに、コーナー出口ではすぐに強い加速が得られます。

つまり、コーナーの基本たるスローイン・ファストアウトがスムーズにできます。ギアを選べる

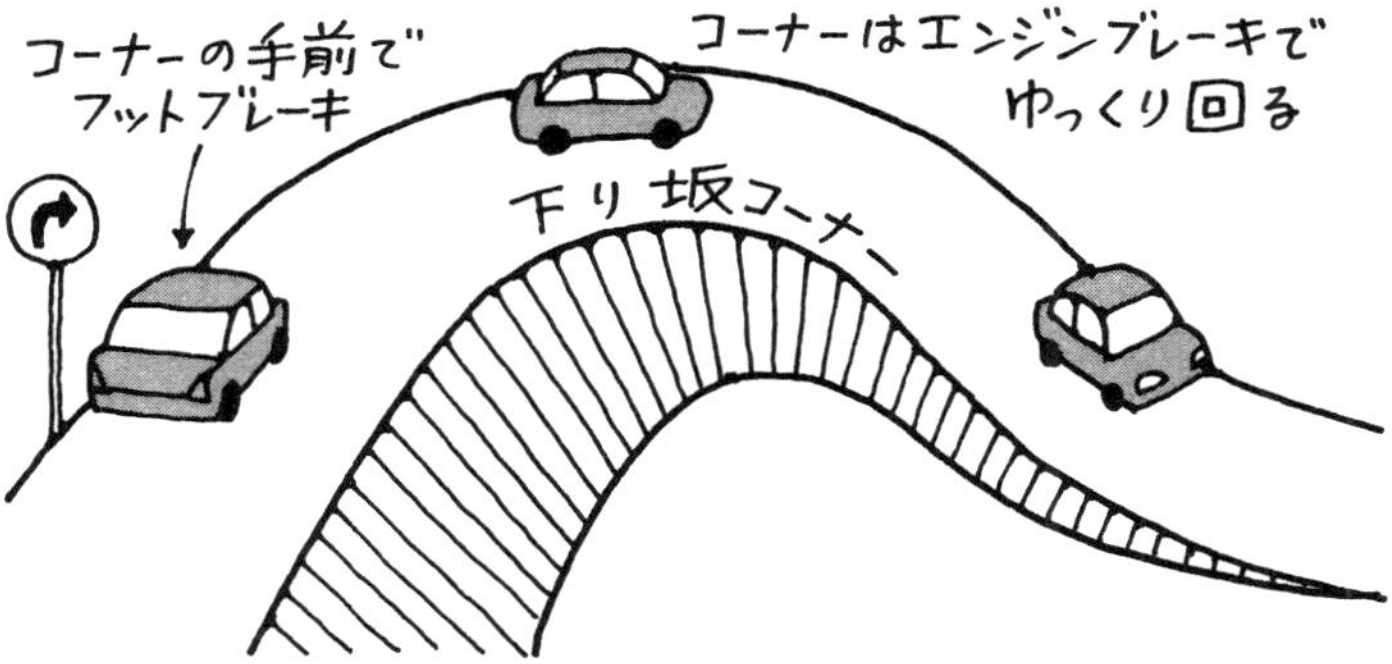

低いギアだと下りコーナーの安心感が違う

タイプのオートマチック車なら、一般的な山道では、シフターを3の位置にしてください。もう少し急なつづら折りでは2の位置でしょう。

低いギアを選ぶことは、下りのコーナーでも重要です。Dレンジのまま下ると、ブレーキをひんぱんに使うことになりますから、フェードを起こすかもしれませんが、これがエンジンブレーキのおかげで防げます。また、曲がっているあいだにブレーキを使うと、ハンドルが内側に切れ込んだりしてドキッとしますが、エンジンブレーキを使えばそういうことも少なくなります。エンジンブレーキを効かせると、むずかしい下りコーナーでは、安心感がまったく違うのです。

しかし、最近は技術も進歩して、上り坂や下り坂やコーナーの前後で無用なシフトアップを防ぎ、そういう場所では低いギアで走ってくれるという賢いクルマも出てきました。カーナビの位置情報や、アクセルやブレーキの操作のしかたから、クルマが自動的に坂道やコーナーの連続する場所にいることを判断するのです。自分のクルマの自動変速機の機能を、トリセツなどで確認しておくとよいでしょう。

細い山道では前のクルマを「タマヨケ」に使おう

最近は道が本当によくなってきたのでだいぶ減ってきましたが、地方へ行くとまだ道が狭い峠道があります。こういう細い山道の途中には、あまり知られていない絶景の場所があって、行ってみたくなることがあります。クルマはどこへでも行けるからクルマです。細い山道が苦手というのでは、クルマの楽しさが半減してしまうでしょう。

細い山道で注意すべきは、やはり対向車です。それに、細い山道ではコーナーの先で予想以上にカーブがきつくなっているところもあって、ドキッとすることもあります。道が細いのなら、まずはそれに対応してスピードを落とせば、たいていのことには対処できます。しかし、この先の道で何が起きているのか、どうなっているかが少しでもわかれば、もっと安心して走れます。対向車だってそうでしょうから、こちらの存在を相手に知らせることも大事です。

私はこんな山道を走る場合、前にクルマが走っていたら、こいつはありがたいと20mくらい後ろを追走していきます。そのクルマをタマヨケにするのです。対向車がいても、カーブがきつくても、そのクルマが気づいてくれるというわけです。ブレーキランプが点いたら、その先に何かがあるのですから、こちらも心がまえができるのです。といっても、いつも前を走るクルマがいるわけではありません。

それでも、道の先のほうを知る手がかりはいろいろあります。最も重要なのは、少しでも視界

谷の向こうに対向車が見えることがある

が開けたときに、道の先をよく見ておくことです。谷の向こう側につぎのコーナーや、対向車が見えることもあります。細い山道のコーナーでは「警笛鳴らせ」の標識が立っていることがあります。こういうところは、コーナーが相当きつくなっていると思って、しっかり減速してください。もちろん、警笛も少し長めに、二度くらいにわけて鳴らしてください。相手の警笛やエンジン音をよく聞き取るため、窓を開けましょう。カーブミラーにもよく注意してください。とはいえ、相手の姿がはっきり見えるわけではありませんから、そこに対向車がいないという確信にはつながりません。それでも、何かが動いていれば、対向車がいるということがわかります。こちらがライトを点灯すれば、相手にいちはやく見つけてもらえます。

とにかく、細い山道では見通しが利かないのですから、無茶なスピードは禁物です。こういうところで、後ろからあおってくるバカなクルマがいたらどうすればいいでしょう。もうおわかりですね。クルマを左側に寄せ、さっさと先に行かせて、タマヨケに使ってやればいいのです。

どんなに細い山道でもすれ違える場所はある

さらにもっと狭い山道でイヤなのは、すれ違いです。この場合も対向車に早く気づくのが重要です。どんな狭い山道でも、かならずすれ違いのためのスペースがありますから、そこですれ違うのですが、相手に気づくのが遅いと、どちらかがすれ違いスペースまでえんえんとバックしなければなりません。早めに気づけば、そこでしばらく止まって相手が通過するのを待つか、こちらがそこまで行くというふうに対処することができるのです。

すれ違うためにバックするときは、上りを優先して、下りの側がバックしていくのが原則です。しかしそうはいっても、相手が大型バスや大型トラックだったら、相手が下りの場合でもなるべく相手を優先してあげてください。こうした大型車がこういうところを走るのは、そうとうに大変なことなのです。

山道でギリギリですれ違うのは本当にイヤなものですが、これはクルマの右側と右側を寄せ合ってゆっくりすれ違えば、そうむずかしくありません。右側を寄せるのなら、お互いに運転席からよく確認できます。道路というものは、水はけのために外側のほうが少し下がっていて中央部分が盛り上がっています。ですから、お互いに右側を寄せ合っても、クルマは左側に傾くので、そう簡単に接触することはありません。逆に左に寄せようとすると苦労します、左側が山で、路肩が荒れていなければ左側ギリギリまで寄せることができるかもしれません。しかし、その場合

相手がトラックなら自分がバックしてすれ違おう

もクルマから降りて、路肩を確認してください。こんなところで脱輪したら一大事ですから、無理は禁物です。

いまではほとんどなくなりましたが、林道などの一部には未舗装の荒れた道があります。ここですれ違うのは、もっと大変です。なるべく道の凹凸が少ないところですれ違いましょう。わだちが道の真ん中にあって、えぐれているようなときには、すれ違いのさいにタイヤをとられ、先ほどとは逆に車体が右側に傾くことがあります。右側を寄せてギリギリですれ違うとき、わだちに落ちてクルマが傾くと接触してしまうことがあります。

とはいえ、すれ違いで自信がなかったら、クルマを降りて相手に相談すればいいのです。こんな状況でいちばん迷惑なのは、どうしたらよいかわからず、止まったまま動かなくなってしまうドライバーです。なんの合図もなければ、相手は自分に「下がれ」と言われているのだと思ってしまいます。クルマを降りて相談すれば、相手が男なら単純なものです。こんなとき女性からニッコリ笑って相談されると、なにくれとなく親切に動いてくれるハズです。

駐車場などで晴れるのを待ったほうがいい

山道には霧がつきものです。そして、この霧というヤツには打つ手がありません、と言ってしまえば身もフタもありませんが、実際、どうしようもないのです。フォグランプなるものがあります。フォグと名付けられているのだから、霧でもよく見えるかといえばさにあらず、まったく見えません。フォグランプのたぐいは、霧の中で「ここにクルマがあるよ」と、他のクルマに警告するための道具でしかないのです。

むろんヘッドライトを点けても、視界には乳白色のカーテンが映るだけで何も見えません。夜だろうが、昼だろうが関係ありません。こういうときはクルマをどこか安全なところに停めて、霧が晴れるのを待つのが利口というものです。むろんライトとハザードランプは点灯したままです。一寸先も見えない霧の中で、ライトも点けずにクルマを路肩に停めておくのは危険です。できれば道路から外れた駐車場など、他のクルマの来ない場所を探してください。

少し霧が晴れてきて、視界が10mぐらいになれば、そろそろと動きだせますが、もちろんゆっくりと進むしかありません。フロントグラスに霧の粒がびっしりつきますから、ワイパーを動かし、ライトを点灯して、あくまでゆっくりです。室内の曇りはエアコンを効かせて除湿してください。見えにくいからといって、ライトをハイビーム（上向きのライト）にしても、ほとんど意味がありません。対向車がまぶしがるだけですからやめましょう。

センターラインを見失わないようにゆっくり走る

深い霧の中ではセンターラインの白線だけが頼りです。これを目当てに進みます。ガードレールを目当てにする手もないではありませんが、これはときどき切れるのであまりアテにはならないでしょう。霧が濃くなってセンターラインが見えにくくなったら、クルマを少しセンターライン側に寄せてやると見えやすくなります。むろんクルマのスピードはごくゆっくりと。センターラインがない細い道の場合は、霧の程度にもよりますが、私なら動くのをあきらめるでしょう。道路の横に駐車しているクルマに追突するのが怖いですし、道路から外れて崖下に転落ということも考えられます。安全なところで晴れるのを待つのが得策だと思います。

こんなときありがたいのは、やはり前にクルマが走っていてくれることです。前のクルマのテールランプを目印に進めば、センターラインを追うよりましです。ブレーキランプが点灯すれば、何か障害物があるわけですから、それを察知できます。この場合も、後ろからあおってくるようなクルマがいたら、これはしめたとばかりに前に行かせましょう。ご親切にもタマヨケになってくれます。

第8章

マニュアル車のすすめ

マニュアル車を選ぶなら小さいクルマがおすすめ

いまでは販売されている乗用車の95%がオートマチック車で、教習所でもオートマチック限定免許を取る人が多くなってきました。私も基本的には、初心者の女性ドライバーにはオートマチック車をおすすめします。面倒なクラッチがないぶんハンドル操作に神経を集中できますし、坂道発進がわずらわしくありません。それに、渋滞のときなど、いちいちクラッチを踏まなくていいのでとてもらくです。

いまのオートマチックトランスミッションはかなり進歩してきましたから、率直に言ってマニュアル車のほうが有利という点はほとんどないと言ってよいでしょう。マニュアル車は燃費がいいと言われていますが、オートマチック車のほうが目立って悪いということもありません。加速も、普通のドライバーならオートマチックのほうが、マニュアル車よりずっと速く走れると思います。コーナリングも、下手なドライバーがマニュアル車に乗るより、うまいドライバーがオートマチック車に乗ったほうが、ずっと速いでしょう。

しかし、その一方でマニュアル車にはマニュアル車ならではの楽しさがあることも事実です。マニュアル車の最大の魅力は、自分でギアを選んでスポーティに走れるということでしょう。コーナーに入る前にブレーキングしながらシフトダウン、そのコーナーに合ったギアを選んで曲がり、そのままアクセルを踏んでコーナーを脱出という、スポーティな走りを楽しめるわけです。

マニュアル車ならではの楽しさがある

それに、マニュアル車に乗ると、クルマの運動性能が体感できます。ギアをどう使うか、エンジンブレーキをどう効かせるかといったことが、ギア操作を通じて身体感覚で学べるのです。これはオートマチック車に乗ったときにも、おおいに役に立ってくれます。

そんなわけで一部の女性のなかには、オートマチックに飽きたらず、あえてマニュアル車に乗りたいという人もいます。実際、マニュアルのクルマを自在に乗りこなせる女性というのは、男性の目から見てなかなかカッコいいものです。

もし、あなたがマニュアル車に挑戦してみたいなら、私は小さいクルマをおすすめします。マニュアル車はあまり大きな重いクルマには似合いません。小さなエンジンのパワーを目いっぱい効率的に使って走るのに向いていますし、それはなかなか楽しいものなのです。国産車には2ℓクラス以下の小型車なら、けっこうマニュアル車の設定があります。

もうひとつ、海外、とくにヨーロッパに行くという予定がある人にはマニュアル免許を取ることをおすすめします。かの地では、まだまだマニュアル車が多数派なのです。

半 クラッチさえ覚えれば発進は問題ありません

初心者がマニュアル車でよくやるのが発進時のフカシ過ぎです。エンストを恐れて、エンジンをブオーッと回しているのですが、クラッチのつなぎが浅いので、クルマが前に進んでくれません。だけど、エンストなんて気にしなくてもいいじゃないですか。私だって、ときどきやってしまいます。たいした失敗じゃないのですから、まずはエンストを過剰に恐れないでください。

マニュアル車の発進は、要は半クラッチの位置さえ覚えてしまえばいいのです。ちょっと試してみましょう。サイドブレーキをかけたまま、アクセルは踏まず、クラッチだけをゆっくりつないでいってみてください。クラッチをつないでいくと、エンジンの回転が下がるところがあります。そこがクラッチがつながりはじめた位置です。わずかにゴクッというショックを感じるはずです。その位置を覚えておきましょう。今度はサイドブレーキはナシで、フットブレーキを踏んだままクラッチをその位置まで持っていきます。そうしたら、ブレーキからアクセルに足を踏み替えます。そのまま、ちょっとアクセルを踏み込めばクルマがゆっくり動きだします。ここまで行けばしめたもの、あとはどんなタイミングでクラッチを離しても、アクセルを踏み込んでも同じことです。半クラッチの位置が体得できれば、そのほかの操作は二次的なものにすぎないのです。意識的に何度か練習すれば、半クラッチの感覚はすぐにつかめるでしょう。

半クラッチがうまくできれば、初心者泣かせの坂道発進もたやすくなります。坂道発進をむず

ゴクッという気配がつかめればしめたもの

かしくさせているのは、ハンドブレーキの解除、半クラッチ操作、アクセルの踏み込みなどを一気にやらなければならないという思いこみからです。なるほど慣れたドライバーならこれらの操作を一連の流れのなかでやりますが、よく見ると、それは五つの段階からなっているのです。

坂の途中で停止したらサイドブレーキをかけ、クラッチを切ってギアを1速に入れます。(1)まずサイドブレーキのロックボタンを押して自分の手でささえます。(2)アクセルを軽く踏んでエンジンの回転を上げます。タコメーター（回転計）があれば見てください。2千回転もあればじゅうぶんです。(3)クラッチをつないでいき、「ゴクッ」の位置でストップします。(4)アクセルをもう少々踏んで、サイドブレーキを少しずつ戻してください。(5)クラッチを完全に戻します。

ここでも重要なのは半クラッチです。(3)までができていれば、(4)や(5)のタイミングが少々ずれてもどうと言うことはありません。それでもクルマはスムーズに発進します。半クラッチが体得できれば、発進だけでなく渋滞も駐車もらくになりますから、ぜひ練習してみてください。

シフトアップ・ダウン

少し低めのギアでエンジンの性能を活用する

エンジンというものは、ある程度高い回転数に達していないと、加速力もエンジンブレーキも弱くなってしまいます。速度が変わってもある程度の高い回転数を維持する、つまりエンジンの性能を活用するためには、シフトアップ・ダウンをおこなわなければなりません。オートマチック車ではこれをクルマが勝手にやってくれるのですが、せっかくマニュアル車に乗っているのですから、自分のクルマの速さとギアの関係を考えながら乗らなければ価値がないというものです。マニュアル車のおもしろさは、この「考えながら」というところにあるのですから。大事なのは、少し低めのギアを選んで、エンジンの回転数をあまり下げないということです。

ところが、多くのドライバーはシフトアップが早すぎます。教習所で、クルマがスタートしたら次々とシフトアップし、早く5速に入れるよう教えられるためでしょう。一般道の広い道を50km/hぐらいで走るなら、5速マニュアルのクルマでは3～4速ぐらいが適当なところです。ギアが低いとエンジンの回転数が高いですから、エンジンブレーキだけでもかなりスピードが落とせますし、また加速が欲しいところですぐにスピードに乗れます。

ギアを使う速度の目安は、1速で0～30km/h。これはスタートするためのものですから、これで長く走るとエンジンブレーキが効きすぎてギクシャクします。1速から2速のあいだだけは、早めにシフトアップしたほうがいいでしょう。2速で20～50km/h。道が混んでいるときは3

5速は高速道路用と考えたほうがいい

速までシフトアップしないことです。3速で30～80km／h。一般道の交通はだいたいこれです。4速で50～100km／h、5速は80km／h以上で、すいている高速道路をゆったり巡航するといったところでしょう。また、高速道路への進入や山道の長い下りなど、普段より強い加速やエンジンブレーキが必要な場合は、低いギアを使ってください。

シフトアップ・ダウンが自在にできるには、いちいちシフトレバーを見ないでもレバーが操作でき、さらにはいま何速に入っているのかがわからなければなりません。シフトパターン（各ギアの位置）はかんたんですから、少し意識すればすぐ覚えられます。また、シフトのときイヤなのが、ガクッとショックがあることです。これを少なくするコツは、急いでパッパッとギアを入れず、いったんニュートラルに入れて、一瞬、間を取ってやることです。するとギアとギアの回転を合わせるシンクロ装置が働いてくれ、スムーズにギアがつながるのです。ここであわてて強引にギアを入れようとすると、ゴリゴリッとギアを鳴らしてしまいます。シフトはうまい人ほどゆっくり操作するのです。

第9章

クルマの
メンテナンスと
トラブル処理

タ イヤはクルマの中でもいちばん大事な部品

タイヤはブレーキとならんで、安全にとって最も重要な部品です。クルマはタイヤを通じて路面に接しているわけで、これがきちんと働いてくれないとまともに走れません。あなたのクルマのタイヤはどんな状態でしょうか。クルマに乗るまえに確認してください。釘など刺さっていませんか？　ガラス片が溝にはまっていませんか？　空気圧はどうでしょう？　正しい空気圧かどうか、月に一度はスタンドで点検してください。

また溝の減りぐあいのチェックも大事です。タイヤの溝がすり減ってくるとブレーキは効かなくなり、コーナーでかんたんに横滑りを起こしてしまいます。とくに雨の日はたやすくスリップしたり、スピンして事故に直結します。いまの乗用車はたいていＦＦ（前輪駆動）ですから、前のタイヤのほうが先に減ってきます。このまま使いつづけると、前のタイヤと後ろのタイヤのバランスが悪くなりますから、だいたい５千kmぐらいごとに、前後のタイヤを入れ替えるタイヤローテーションをおこないます。こうしてやれば４つのタイヤが均等に使えるわけです。

タイヤを交換するめどはタイヤの溝が３mm以下になったときです。さらに減ってタイヤの溝に、スリップサインが表れてきてからでは遅すぎます。タイヤの寿命はその性能によっても変わりますが、普通の乗用車用で３万kmぐらいです。むろん、走り方によっても変わってきますが、スポーツカーなどに使われる高性能タイヤになると、荒く乗ると１万kmぐらいで交換というケースも

溝が ３㎜以下ならタイヤ交換の時期

出てきます。柔らかいゴムだと路面によく食いつくがすり減りやすく、逆に固いゴムだと食いつきは落ちるが減り方が少なくなり、寿命が長いというわけです。

タイヤを交換するときは、かならずメーカーから指定されたサイズのものを使ってください。タイヤのサイズは１８５／60ＳＲ14といったふうに表示されています。これはタイヤの幅が１８５㎜で、高さがその60％、ＳＲのＳは速度記号で１８０㎞／ｈまで耐えるの意味。Ｒはラジアルタイヤであることを指しています。最後の14はそのタイヤをとりつけるホイールが14インチであることを指します。タイヤチェーンも、このサイズに合わせたものを買わなければなりません。

タイヤの新技術についても触れておきましょう。最近、よく使われるようになってきたランフラットタイヤです。このタイヤはパンクして空気が抜けても、そのままの状態で80㎞／ｈくらいのスピードで80㎞程度の距離を走れるという画期的なものです。パンクしても、タイヤ交換せずに修理に向かえるので、スペアタイヤをクルマに積む必要がありません。おそらくこれからどんどん増えてくることでしょう。

洗車

クルマは汚れていてもガラスだけはきれいに

日本人はクルマをピカピカに磨くのがお好きで、東京の街など、本当にクルマがきれいですね。世界中どこを見ても、こんなにきれいなクルマばかり走っている街はそうないでしょう。外国では、クルマはほとんど道具として使われていますから、パリに行ってもロサンゼルスに行っても、けっこう傷だらけで、あちこち凹んだクルマが平気で走っています。ピカピカに磨きたてられているのは、一部の高級車ぐらいなものです。

といってもクルマを泥だらけ、ほこりだらけで乗るのはあまり気持ちのよいものではありません。私はクルマの洗車は、スタンドの洗車機でザーッと洗い流してもらえばそれでオーケー。洗車機だと細かい傷がつくといって気にする人もいますが、私はほとんど気にしません。

しかし、たまには自分でクルマを洗ってみることも大事です。自分で洗うと、気がつかなかった小さな傷を発見することがあります。小さくても深い傷ならそこからサビますから、ボディと同じ色のタッチアップペイントで傷口をふさいでおきます。タッチアップペイントはディーラーに頼むと手に入ります。他のクルマのドアでつけられた小さな凹みや小石がはねてできた「エクボ」は、大げさに板金塗装するまでもありません。特別な工具を使って、ボディの内側から押し出して修正してくれる業者があります。ディーラーに相談してください。一カ所につき1万円弱ぐらいで直してくれるでしょう。

窓ガラスにだけは神経質であってほしい

しょせんクルマは道具ですから、使っていくうちに傷んでくるものなのです。あまり神経質になって磨きたてるのも、カッコ悪いではないですか。ただ、そんな不精者の私でも、窓ガラスとドアミラーだけは油膜取りのスプレーで念入りに磨いて、つねにピカピカにしています。これが汚れていると視界が悪くなり、危険を招くからです。家庭用のガラス磨きはクルマの窓ガラスには使えませんからご注意を。

むろん窓は内側からもよく拭いておきます。いったん濡らした布で拭き、それから乾いた布で磨きます。拭いてみると、けっこう汚れていて布が真っ黒になります。ま、これは私が煙草を吸うせいかもしれませんが。多少、ボディは汚れていても、視界を確保するため、窓とミラーだけはきれいにしておきたいものです。同じ理由でワイパーブレードのゴムも、劣化していないかよくチェックしています。とくに、高速走行する機会の多いドイツ車などは、ワイパーが強くガラスを押さえつけるようにできているため、ゴムが切れやすいのです。劣化していたら交換するしかありません。カー用品店などで自分のクルマに合ったブレードを買いましょう。

日常のチェック

怖がらずにエンジンフードを開けて点検しよう

クルマを磨くのはあまり熱心ではない私ですが、クルマのメンテナンスにはけっこう気をつかっています。クルマはしっかりと機能を発揮してくれることが大事だからです。あなたも怖がらずにエンジンフードを開けて、しっかりと点検をしてください。

まず第一はエンジンオイルです。エンジンオイルは使っているうちに、エンジン内の汚れをとりこんで、黒く変色してきます。しかし、これにはごくデリケートな高性能エンジンのクルマででもないかぎり、そう神経質になることはないでしょう。一般的にはいまのエンジンオイルは1万kmぐらいが交換のメドとされています。ただ、エンジンオイルはガソリンと一緒に少しずつ燃えてしまいますから、ときどき注ぎ足してやってください。これはエンジンフードを開けて、エンジンオイルのレベルゲージを引き出し、その目盛りを読めばわかります。目盛りの上限と下限の真ん中より下になっていたら、ガソリンスタンドで少し注ぎ足してもらいましょう。注ぎ足すオイルはいちばん安いものでじゅうぶんです。

よくガソリンスタンドでは勝手にエンジンフードを開け、「オイルが汚れていますね」などと言って、いちばん高級なオイルを入れようとします。そんなときは「あらそう。明日ディーラーに行って点検してもらうから、いいワ」とでも言ってやってください。ガソリンタンクの水抜き剤なるものも同じことです。ほとんど意味がありませんから、やんわり断っておきましょう。

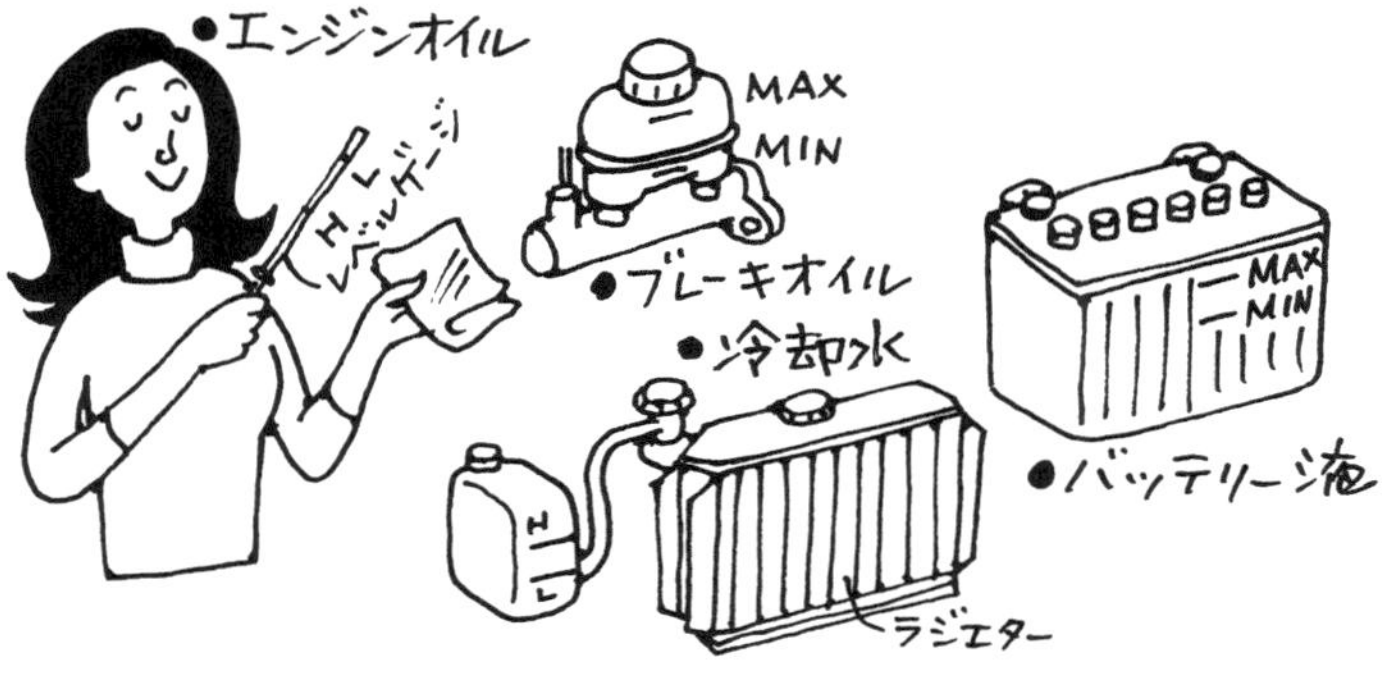

これだけチェックできれば大したものです

ブレーキオイルも、ときどきチェックしてください。ブレーキオイルはたいてい透明なプラスチックのタンクに入っています。その液面の位置を点検します。タンクのフタを開けてはいけません。ブレーキオイルはエンジンオイルと異なる特殊なモノで、ホコリなどが入ることを嫌います。この液面が規定以下に下がっているようなら、ブレーキの油圧系にどこか問題があります。ブレーキオイルはエンジンオイルと異なり、自然に減るということはありえないからです。すぐ修理工場やディーラーで点検してもらってください。

ラジエーターの冷却水も要チェックです。これが減っていると、オーバーヒートしてしまいます。ウオーターポンプが不具合になって、そこから漏れ出すということもあります。昔は水道水を注ぎ足したものですが、いまのクルマは指定のクーラントを入れるようになっていますので、これはガソリンスタンドではなくディーラーで見てもらってください。あと、チェックするとしたらバッテリーです。液面が規定通りの線にありますか。もし、低くなっているようでしたら、ガソリンスタンドで注ぎ足してもらいましょう。

道具があれば解決できるトラブルは多い

クルマには備えておくと、いざという場合に助かるモノがあります。まずは懐中電灯です。これはダッシュボードのなかに入れておきましょう。夜、山道などで故障してしまった場合、おおいに役だってくれます。エンジンフードを開けて中をのぞいたりしなければならないときや、パンクの状況を見るのに必携です。また、ルームランプの届かないところにモノを落としてしまったときにも役だってくれますし、いざというときの合図にも使えます。

できれば、室内に脱出ハンマーを置きたいところです。これは窓ガラスを内側から破るためのハンマーとシートベルトを切断するカッターが一緒になった道具です。ハンマーは、間違って池や海へ落ちてしまったとき、これで窓を割って脱出するのに使います。水に落ちたクルマはすぐに電気系統をやられて、パワーウインドウが開かなくなります。ドアは水圧で開きませんからサイドウインドウを割って脱出するのです。フロントグラスはプラスチックとガラスのサンドイッチ構造になっているので、いくら叩いてもヒビがはいるだけで割れません。

また、衝突事故でドアが開かなくなったとき、これで窓を叩き割ります。たとえシートベルトのおかげで衝突のショックからは助かっても、シートベルトが外れないと外に脱出できず、そのうち火が回ってしまうこともあります。そんなときカッターでシートベルトを切るのです。これは緊急時に使うものですから、すぐ手の届くところに置かないと意味がありません。

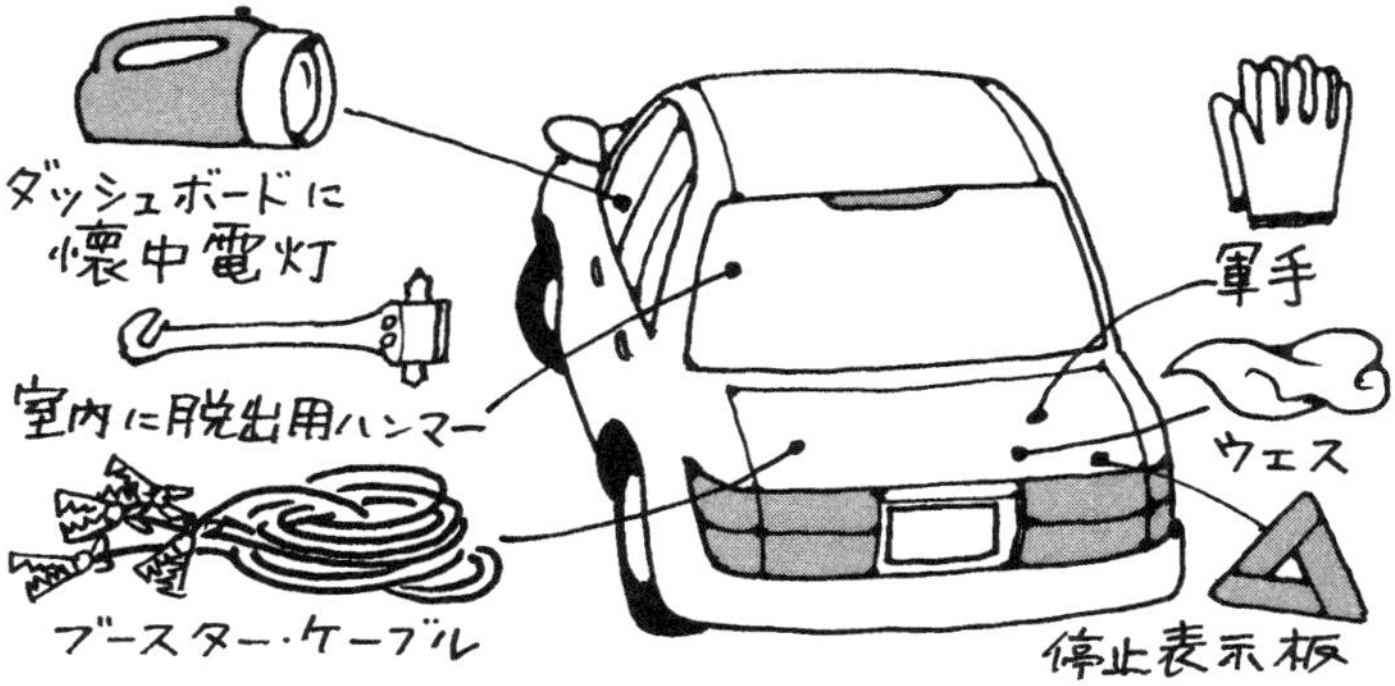

このぐらいの装備は最低限ほしいところ

意外と役に立つのはブースターケーブルです。クルマのエンジンがかからなくなる原因は、ガス欠を除くと、大半がバッテリーあがりです。近くにガソリンスタンドでもあれば、救援をあおぐことができるのですが、それが不可能なとき、ブースターケーブルを使って他のクルマから電気を分けてもらい、エンジンスタートができます。相手のクルマのバッテリーと自分のクルマのバッテリーをつなぎ、エンジンをスタートさせるわけです。いまのクルマはほとんどオートマチックですから、こんなとき押しがけができません。押しがけとは、人にクルマを押してもらって勢いをつけるか、坂道を下がりながら、クラッチをつなぎ、エンジンをかける方法ですが、オートマチックではそれができないわけです。

そうそう、ウエス（ボロ切れ）も必携ですよ。走行中にガラスが汚れていることに気づいたら、これで磨きます。軍手もあるとなにかと便利です。停止表示板も備わっていますか。高速道路で不幸にして故障などという場合には、これを立てることが義務づけられています。これらのものはトランクの中にひとまとめにして入れておきましょう。

室内がごみごみしていると危険を招く

クルマの室内にいろいろなものを持ち込み、乱雑に散らかしたまま、まったく意に介さないという人がいます。ペットボトル、ティッシュの箱、マンガ週刊誌、高速道路の領収書、煙草の吸い殻などが散乱し、なにやら独身男の四畳半のアパートがそのままクルマになったようですが、不思議なことに、女性にもこれが多いのです。まあ、散らかそうが散らかすまいが持ち主の勝手と言われればそれまでですが、これでは危険だと思います。なぜならば、こうした乱雑に散らかったゴミは、場合によって運転の邪魔になるからです。

たとえば、空き缶が足下に落ちていたら、きわめて危険です。ブレーキペダルの下に転がり込んで、ペダルが踏み込めなくなってしまいます。ダッシュボードの上にマンガ週刊誌などを置くと、フロントグラスに反射して視界をさまたげます。ボディは汚れていても、室内だけはいつもきれいに清掃して、よけいなものを置かないようにしてください。

といっても、きれいに飾り立てろというのではありません。女性に多いのですが、リアウインドウにマスコット人形を並べたり、クッションなどを置いたりする人もいます。これでは後方の視界が悪くなり、後ろを走るバイクなどを発見できなくなるかもしれません。少しでもよい視界を得るために設計者が工夫して作ったクルマを、視界を悪くしてどうしようというのでしょう。クルマというものは居間ではありません。ドライブするための道具です。ですから、運転に集中

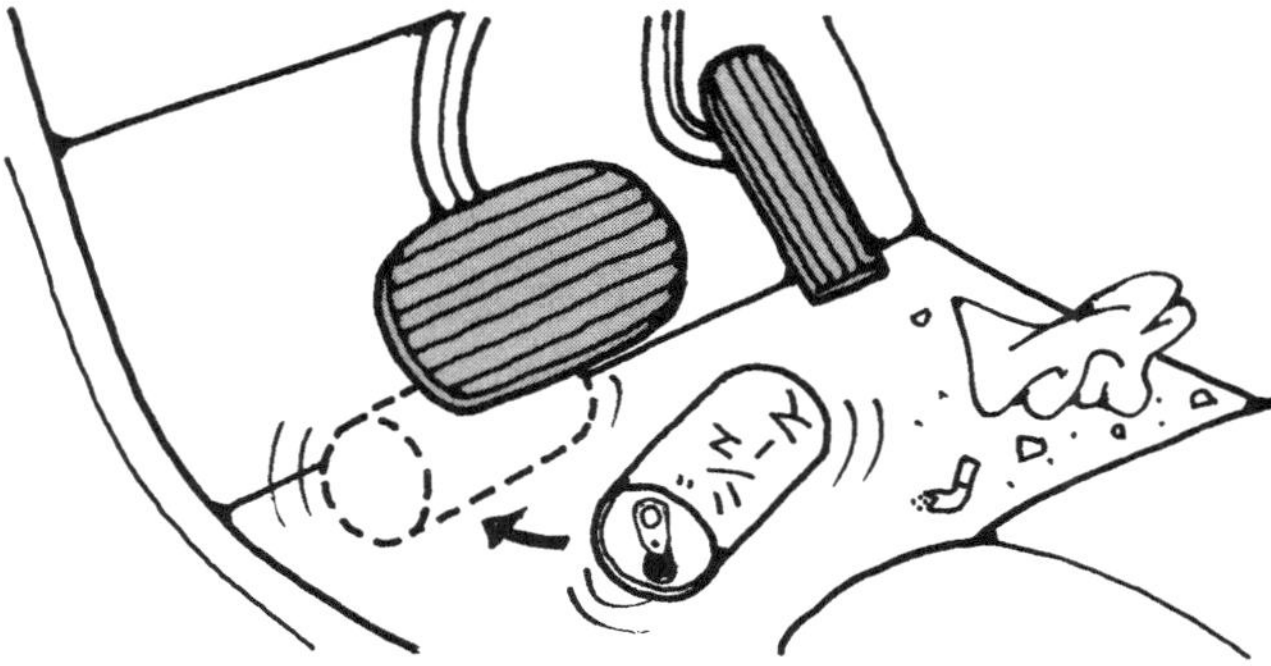

ブレーキペダルの下に空き缶が転がり込んだら……

できる環境を作っておくことが大切なのです。

また、よけいなものを室内に置くと、衝突事故を起こしたときに、けがを増やすことにもなります。たとえば、傘などを置いておくと、衝突のさいにはあなたに向かって猛スピードで飛んでくることになるかもしれません。こうした荷物類はトランクなど、乗員用スペースとは仕切られた荷室に置きたいものです。そのほうが室内も広く使えます。

私はクルマの中には、よけいなものはいっさい置かない主義です。後づけのカー用品もいっさいつけません。よく、取り締まり用のレーダー感知機とか、エアコンの吹き出し口にカップホルダーなどをつけている人がいますが、こうした後づけのアイテムは、いざ衝突となったときに、どんなふうに自分を傷つけるかわからないからです。それになにより、汚らしいではありませんか。

室内のゴミを片づけたら、シートやカーペットには掃除機をかけて、ウインドウの内側もよく磨いておきましょう。自分でするのが面倒ならば、ガソリンスタンドで洗車のさい、室内清掃も頼むといいでしょう。

ガス欠

自分のクルマの燃費を知っておけばかならず防げる

ＪＡＦによれば、高速道路でクルマが止まってしまう原因の第2位はガス欠だといいます（1位はパンク）。まったく理解に苦しむところです。なぜなら高速道路では、最長でも60㎞以内にガソリンスタンドがあるからです。つまり、ガス欠したドライバーはまったく燃料計を見ていなかったワケで、なんとも申しようがありません。

本書の読者に、そんな不注意なドライバーはいないと思いますが、女性のなかにはクルマのメカニズムにまったく無関心な人がいます。そして、冷蔵庫や電気掃除機と同じ感覚で接し、動かなくなると「壊れた」と思うのです。言うまでもなくクルマはガソリンで走るのです。

自分のクルマが、1ℓのガソリンで何㎞ぐらい走れるのかを知っておいてください。ガソリンスタンドで給油するときトリップメーター（スピードメーターの真ん中についている距離計）を0に戻しておけば、次に給油したときにだいたいの燃費がわかります。走行距離を入れたガソリンの量で割ってやればいいのです。自分のクルマの燃費がわかっていれば、燃料計を見てあとどのくらい走れるかがわかります。

燃料計の表示は意外と不正確ですが、いまのクルマは残りのガソリンであと何㎞走れるかを表示してくれるものも増えていますし、そうでなくてもガソリンが残り少なくなってくると、なくなりかけたことを告げるランプが点灯します。クルマによって、何ℓで点灯するかは多少異なり

こんなときは通りがかりのクルマだけが頼り

ますが、それは説明書を見れば書いてあるはずです。かりに平均燃費が10㎞／ℓのクルマなら、残量が5ℓだと、あと50㎞くらい走れるわけです。

私は神経質なほうで、燃料計の針が3分の1を切ったら給油して満タンにしています。これはガソリンが切れそうになって、ガス欠を心配しながらスタンドを探すのがイヤだからです。よけいな心配をかかえつつ、何かを探す（この場合、ガソリンスタンドを）運転というのは危ないですから。

ひとたびガス欠してしまうと、あとが大変です。とくに高速道路では、前にも書いたように非常に危険です。一般道路での場合は、タクシーの来ない田舎道では往生します。そういうときはなんとか通りがかりのトラックなどを止めて、近くのガソリンスタンドまで乗せていってもらうしかありません。ＪＡＦに頼んでもいいのですが、山の中だと何時間もかかる場合があります。まあ、とにかく他人の助けを借りるしかないのですが、恥ずかしい思いをすることは確かです。ガソリン切れに気づかなかったなんて、カッコ悪いでしょう。燃料計をしっかり確認する習慣をつけてください。

バッテリーあがり

バッテリーにも寿命があることを知ってください

現代のクルマはきわめて品質が高くなりました。ごく平均的なファミリーカーでも、普通に乗ってやれば、一〇年、10万kmは平気で走ってくれます。定期交換部品とメンテナンスに気を配ってやれば、20万kmだってそうむずかしくはないでしょう。

ただ、そんなにタフな現代のクルマでも、依然としてウイークポイントがあります。バッテリーです。現代のクルマはエンジンの燃料噴射装置、トランスミッション、ＡＢＳなど、走りの機能をはじめ、エアコン、カーステレオ、パワーウインドウ、電動式パワーステアリング、リアデフォッガー、カーナビなどなど、大きく電気に頼るようになっています。そのバッテリーがあがってしまうと、もうクルマは完全に死んでしまうのです。

バッテリーがあがってどうにもならなくなったら、ＪＡＦなど誰かの助けを借りるしかありませんが、ブースターケーブルを持っていれば、他のクルマのバッテリーにつなぎ、エンジンスタートという手もあります。ただし、いったんあがってしまったバッテリーは、一度エンジンを止めると再度エンジンをスタートさせる力がありません。ガソリンスタンドや修理工場などに入るまでは、けっしてエンジンを止めないでください。バッテリーは充電と放電をくりかえしているのですが、一度、完全にあがってしまうと、もう充電することができず、ものの役には立ちません。こうなったらバッテリーを交換するしかないのです。

ライトの消し忘れブザーに注意すれば防げるハズ

バッテリーあがりの原因は、おおかたがライトや室内灯の消し忘れです。よく地下駐車場などで、ライトを点けたまま駐車しているクルマを見かけますが、ありゃま、かわいそうにナと思います。もうひとつは発電機の不具合でしょう。これが機能しなくなると、バッテリーは放電するばかりで充電されず、アウトとなってしまうのです。この場合は、バッテリー充電の警告灯が点きますから、すぐにディーラーなどで見てもらいましょう。

バッテリーの寿命は普通に使って三年くらいでしょうか。最近のバッテリーはかなりよくなっているのですが、クルマの寿命と同じぐらい長持ちするわけではありません。バッテリーが弱りはじめているのは、警告灯ではわからない場合があり、注意が必要です。エンジンをかけるときライトが暗くなるのが、最初の兆候です。さらに弱ると、スターターが力強く回らず、クウークウーと鳴くようになります。スターターがまったく回らず、ラジオは点くという場合でも、ホーンを鳴らすとか細いのでわかります。バッテリーが弱ってきたなと思ったら、早めに交換しておきましょう。

ブレーキランプ切れは、駐車場の壁でチェック

エアコンの動作不良、パワーウインドウが動かなくなるといった電気まわりのトラブルは、クルマが古くなってくると、だんだん頻発するようになります。エアコンが効かないとかステレオが聞こえないといった故障なら、べつだんクルマが走るのに支障はありません。しかし、それがライト切れとなると、ことが安全にかかわるだけに問題です。

ときどき、ライトが片側だけ切れたまま走っているクルマを見かけることがあります。都会の道路は照明がかなり明るいので、走る道によってはドライバーはつい気づかないのでしょう。それが暗い道に入って、あれ、変だなと気づくわけです。両側のランプが同時に切れることはまずありませんが、危ないのはクルマに向かって左側（ドライバーからは右側）のランプが切れたときです。暗い片側一車線の道だと、オートバイだと思われて、対向車線をはみだしてきたクルマと衝突する危険があります。ライトをハイビーム（上向き）にすれば両側が点きますから、対向車が来たら少しの間、ライトを上向きにしてこちらがクルマだと知らせましょう。ヘッドライトの状態は、前のクルマにつづいて止まったとき、ライトの映り具合でわかります。

ウインカーランプが切れるのはもっと怖いですね。手でおこなう合図の仕方は知っていますか。窓から腕を出して、上に曲げたら左折、まっすぐ水平に伸ばしたら右折です。しかし、手による合図はこの混雑した交通のなかでは、もはや現実的ではないでしょう。ウインカーランプが切れ

ライトが片側だけ切れるとバイクと間違われる

たまま走るのは、山中など、交通の極端に少ないところ以外では危険ですから、すぐに交換してもらいましょう。ウインカーのタマ切れは、室内のウインカー表示灯がいつもより速いタイミングで点滅するのでわかります。

意外と気がつかないまま走っているのが、ブレーキランプのタマ切れです。これはとくに外国車には多いような気がします。駐車場の壁にクルマを近づけて、ブレーキを踏んでみるとわかりますから、いつも気をつけて見るクセをつけておくといいでしょう。ま、最近はブレーキランプが切れると、警告灯が点くクルマも多いのですが。

ランプの交換は、シロウトでも説明書を読みながらやってできないことはありませんが、けっこう大変です。ガソリンスタンドで交換してもらったほうがいいでしょう。しかし、いまのクルマはランプの形状が複雑になっており、ガソリンスタンドの人でも、カバーを取り外すのに手間がかかります。また、それをふたたび取りつけるのも一苦労します。ディーラーに持ち込んで直してもらう余裕があれば、それがいちばんだと思います。

パンク

ジャッキアップはかならず平坦なところで

タイヤの性能が向上し、道路の状況がよくなったこととあいまって、パンクは本当に少なくなりました。いまは一人のドライバーがパンクに遭遇する確率は、8万kmに1回ぐらいと言われています。時間にしたら10年に1回というところでしょうか。

とはいえ、タイヤがまったくパンクしなくなったわけではありません。ときおり落ちている鉄片や針金のたぐいを拾って、パンクしてしまうことはありえます。たいていは前輪ではねたものを、後輪が踏みつけてパンクというケースが多いようです。パンクすると、前輪の場合はハンドルが左右どちらかパンクした側に取られるので、それとわかります。後輪だと、ゴトゴトと急に乗り心地が悪くなった感じがします。

もし、パンクが高速道路で起きたのなら、JAFなどの救援サービスを呼ぶのが安全でしょう。町中で、もしすぐそばにディーラーやガソリンスタンドがあるなら、そこまでしずしずと進みます。ただ長い距離をパンクしたまま走ると、タイヤをダメにしてしまいます。人里離れた山の中などという間の悪い場所だと、救援も期待できません。

そういうときは、クルマをジャッキアップして、自分でスペアタイヤと交換するわけですが、坂の途中でジャッキアップするのは危険です。まずは、そこが平坦な場所であることを確認してください。そしてジャッキアップするまえに、外すタイヤのナットをレンチでゆるめておきます。

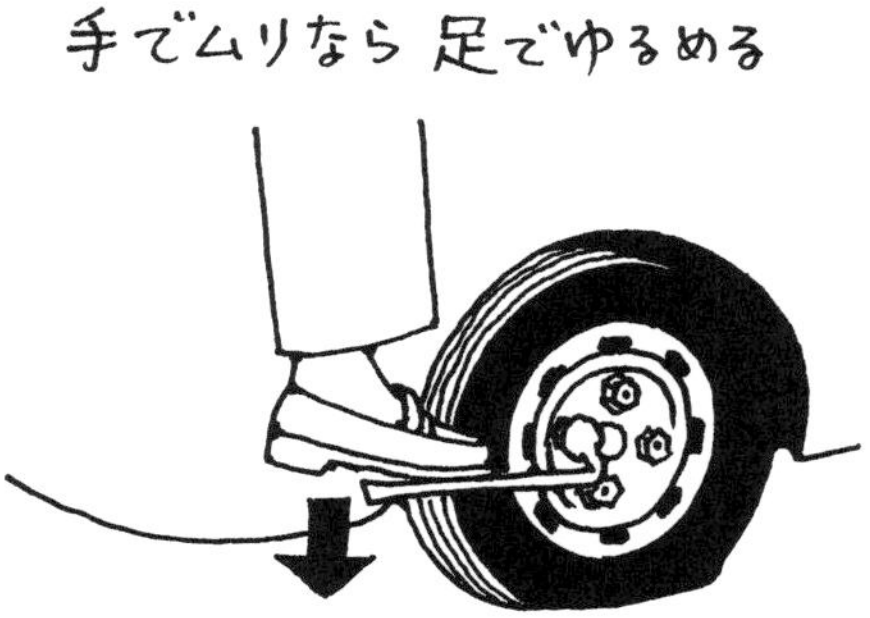

一度くらいは練習しておくといいですよ

ジャッキアップしてからではタイヤが回ってしまい、力が入りません。ナットをゆるめるにはそうとう力がいります。手でゆるまないようでしたら、足でレンチを押して回してください。そのさい、レンチをしっかりと深くナットにはめるように。ナットをゆるめたら、ジャッキアップポイント（取扱説明書に書いてあります）にジャッキをあてがい、ジャッキを上げ、タイヤを浮かします。

　スペアタイヤと交換し、今度はナットを締めるわけですが、このときは軽く仮締めにとどめます。ジャッキを降ろし、タイヤが完全に接地してから本締めしてください。図のようにナットは対角線で締めていきます。今度は足を乗せてまでして強く締める必要はありません。

　スペアタイヤが、コンテンポラリータイヤという、本来のタイヤより細い代用品である場合は、長い距離は走れません。ガソリンスタンドを見つけてすぐ修理してもらいましょう。そう時間をかけずに修理してくれます。修理したタイヤをクルマに装着しなおしてもらい、スペアタイヤはもとに戻しておきましょう。

早めに故障を発見すれば修理代も安くすむ

クルマの調子がおかしくなるときは、たいていどこかから異音が聞こえるなど、小さな症状がはじまっているものです。それを放ったままにしておくとだんだん症状は激しくなり、最後には手遅れです。なにかと細やかな女性にしては不思議なのですが、多くの女性ドライバーは機械の不調ということに対して鈍感ですね。しかし、ほったらかしにしたあげく動かなくなったら、ときすでに遅し、莫大な額の請求書があなたのもとへやってきます。故障は小さなうちにその芽を摘んでしまえば、むろん修理費も安くすむのです。目と耳、ときに感触と、あなたの感覚を総動員して、あなたのクルマの調子に注意を払ってください。警告灯が点いたり、おかしな音、振動、臭いを感じたら、故障を疑ってディーラーに相談してください。

たとえばブレーキからの異音です。いまのブレーキはディスクブレーキといって、回転するローターをパッドが押さえつける構造になっています。このパッドはしだいにすり減っていく消耗品で、国産車でだいたい2万km、外国車では1万5千kmぐらいから、すり減っていないか疑ったほうがいいでしょう。ディスクブレーキのパッドはある程度すり減ってくると、金属片がローターに触れ、チリチリと音を発するようになります。それに気づいたらすぐ修理工場へ行って点検してもらってください。パッドの値段は国産車の小型車のもので8千円ぐらいですから、交換の手間賃を入れてもさしたる出費にはなりません。ところが、パッドがすり減ったことに気づかず、

異変に気づいたらすぐディーラーに相談しましょう

そのまま走りつづけているとローターを傷め、ローターを修理あるいは交換ということになります。そうなると修理費は一挙にはね上がります。

クルマが妙にフワフワして、上下の動きがおさまらないなと思ったら、ショックアブソーバーが弱ってきていると思ってください。これも早いものなら3万kmを超えたあたりからへたりがはじまります。これを取り替えてやると、見違えるように乗り心地がよくなります。

エンジンからカシャカシャ音がしているときは、修理工場で診てもらうことをおすすめします。エンジンの吸気や排気を受け持っているバルブがおかしくなっている可能性があるのです。大事にいたる前に調整してもらってください。

やはりエンジンからキュルキュル音がするようなら、エンジンに冷却水を送るウオーターポンプがやられている可能性があります。この部品が壊れると、エンジンがオーバーヒートしてしまいます。そのまま放っておくと、エンジンが焼けついてしまいます。そうなると、新車を買ったほうがマシなくらいの修理代がかかります。

本当に困ったときはケータイでＪＡＦを呼ぶしかない

いまや携帯電話はほとんどの人が持つようになりました。通話料が高いのは少々残念ですが、クルマに乗るドライバーの多くがケータイを活用しています。なんといってもいろいろな意味で便利ですからね。もちろん、運転しながら通話できるから、という意味じゃありませんよ。そんなの論外です。私はクルマに乗っているときは、電話が鳴らないモードに切り替えています。運転中、電話が鳴るだけでも、気を取られて危険だからです。

携帯電話はいざというとき頼りになってくれます。人の家をクルマで訪ねて迷ったとき、約束の時間に遅れそうなとき、はたまた事故にあったときなど、いろいろなピンチからあなたを救ってくれます。なかでも故障のときは、そこから携帯電話で救援をあおぐことができ、とても助かります。現代のクルマは、コンピュータでコントロールされており、その中身はほとんどブラックボックスといっていいでしょう。自分で対処できるとしたら、パンクのタイヤ交換か、バッテリーあがりぐらい。それ以外の故障となると、どうしたって専門家の助けをあおぐ以外ありません。とくに長距離ドライブに行くときは持っていくと安心です。

その故障のさい、電話するのはディーラーかＪＡＦということになります。これまでにも何度か出てきた、ＪＡＦについてここで説明しておきましょう。ＪＡＦとは日本自動車連盟の略称で、いわゆる社団法人というヤツです。交通安全運動や道路でクルマが故障したときの救援を主な業

自分でなおせる故障はそう多くない

務としていますが、国内でおこなわれる各種の自動車レースも、このJAFが管轄しています。一般にはクルマが故障したときに来てくれるところと覚えておけばいいでしょう。

JAFは会員制になっており、年会費を支払っていれば、救援をあおいでも、基本的にお金は請求されません(作業内容により一部例外はあります)。個人会員の場合、入会金が2千円で年会費は4千円です。むろん会員でなくとも救援サービスは受けられます。ただし、その場合は8千~1万9千円までの基本料と、それプラス作業料等を請求されます。ま、入会しておくかどうかは迷うところです。入会するのならディーラーに申し込むといいでしょう。

JAFのロードサービスの電話番号は、携帯電話からは全国共通で#8139です。自分の現在位置と車種、症状を伝えると、最も近くの拠点から救援に来てくれます。とはいえ、人里離れた山中などでは、携帯電話の電波が届かないところもありますし、連絡がついても、そういうところでは到着まで何時間も待たされることになるでしょう。普段のメンテナンスに注意することです。

絶対に事故を起こさないという保証はない

便利で楽しく、女性を活動的にしてくれるクルマですが、ひとつだけイヤなことがあります。そう、交通事故です。本書はそのイヤな交通事故を起こすことなく、また巻き込まれることなくドライブの楽しさを十二分に味わってもらおうという趣旨で書いてきましたが、事故というものは、相手があってのこと、絶対に巻き込まれないという保証はどこにもないのです。

不幸にして事故を起こしてしまったら、するべきことの優先順位は、(1)負傷者救護、(2)二次事故の予防、(3)警察への連絡です。まずはパニックにならず「おけがはありませんか」と相手に声をかける余裕をもってください。相手が深刻なけがをしていたら、止血など応急処置が必要ですが、この場合は一人で救急車の連絡から二次事故防止の処置など、すべてをやるのは無理です。まわりに助けを求めてください。こんなときは誰だって協力してくれます。

また、自分がけがをしているかもしれません。事故では、緊張と興奮で一時的にアドレナリンが高まり、負傷していることに気づかないことが多いのです。大事なのは、相手か自分が少しでもけがをしているなら、救急車を呼ぶことです。その場では大したことはないと思っても、あとから自覚症状が出ることもあります。それに保険など、その後の手続き上でも、けがの診断書が必要になることがあります。事故によるけがであることを証明するには、事故直後にカルテを残しておかなければなりません。

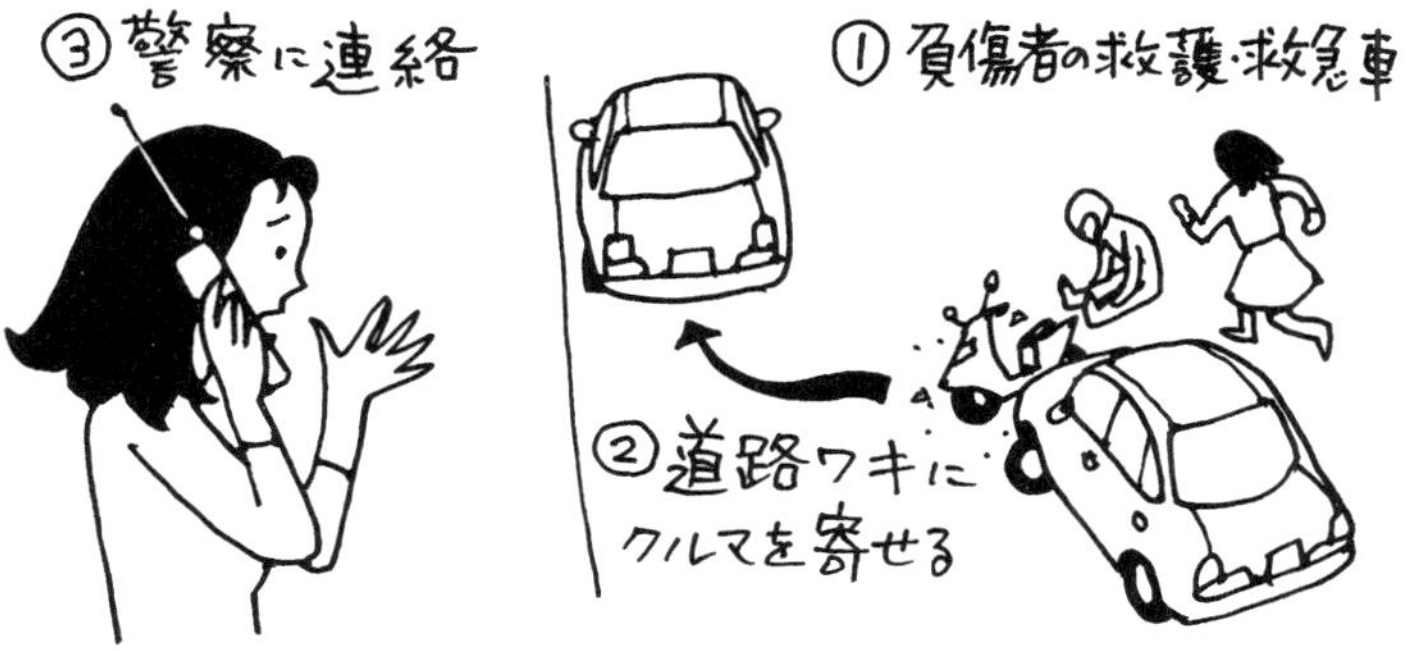

とにかく落ちついて行動すること

第二にすべきは、二次事故防止のためクルマを道路わきに寄せることです。よく事故を起こした同士が、事故現場にクルマをそのままにして怒鳴り合っている光景を目にします。こんなとき女性ドライバーは、男性ドライバーに一方的にののしられがちですね。しかし、なんとか相手を落ち着かせてクルマを道路の左側に寄せましょう（動くなら、です）。そして第三に、警察に連絡します。物損事故であっても、保険を使うには警察署の発行する「事故証明」が必要です。

どちらがどれだけ悪いのか、その責任割合については保険会社にまかせましょう。路上で泥仕合をしても不愉快になるばかりです。たいていどちらかが100％悪いということはないのです。自賠責が効くのは人身事故の場合だけです。しかも年々、人身事故の賠償額は大きくなっていますから、自賠責だけではとうてい足りません。任意保険にはかならず入っておいてください。対人はかならず無制限に、搭乗者と対物も2千万円くらいは必要でしょう。車両保険（自損）にも入っておけば、完璧だと思います。私は任意保険に入らないドライバーは運転する資格がないと思っています。

第10章

女性のための
クルマ選び

初心者に新車はぜいたくというのは本当か

免許を取ってはじめてクルマを買う場合、中古車を選ぶ人がいます。中古車なら多少ぶつけても惜しくはないから、それで練習してから新車にすればいいワというわけです。しかし、経済的事情が許すのであれば、初心者でも最初から新車に乗ったほうがいいと私は思います。

まず、練習台にして捨てても惜しくないような値段の中古車（だいたい七、八年落ちぐらいでしょうか）は、かなりくたびれています。あらゆるパーツが古くなっていますから、あちらが壊れて直せば、今度はこちらという具合で、メンテナンス費用がかさむ危険性が高いのです。なかでもオートマチックトランスミッションのような高価なパーツがイカレたりすると、大出費です。たとえ中古車でも、交換する部品は新品価格であることを忘れないでください。

となると、三年落ちぐらいの程度のよいクルマを考えるでしょう。しかし、これは新車の7～8割と、値段が高いのです。安心できるディーラー系中古車販売店で買う場合はとくにそうです。それでも2～3割の節約にはなる気がするかもしれませんが、新車から3年たっているということは、タイヤの交換、バッテリーの交換時期が迫っていますから、それらの経費を考えるとあまり変わらなくなってしまいます。

この場合は、買った値段が高いということもあり、フェンダーやドアが凹んだら、きっとそれを直したくなります。その修理費は新車を直すのとまったく同じなのです。さらにつけ加えるな

新車を大事に乗るほうがずっと経済的

ら都会で駐車場を借りる場合、中古、新車に関係なく毎月2万〜3万円と同じ値段を払わなければなりません。保険の料金や、ガソリン代も同じです。こうした金額が同じなら、それを新車に使ったほうがいいと思いませんか。

なにより大事なことは、新車には最新の安全技術が投入されているということです。最近は横滑り防止装置もだんだん普及してきましたし、衝突被害軽減ブレーキなどの先進安全装備もオプションで選べるクルマが増えています。こういう安全装備もボディの衝突安全も、つねに進歩していますから、新しいクルマのほうが安全なのです。それに、最近のクルマの燃費の改善には目を見張るものがあります。

そもそも中古車は1台ずつ状態が異なり、かくれた不調を見抜く眼力がなければいいクルマを選べません。これは初心者にはとうてい無理です。中古車はむしろ経験を積んだベテランドライバーに向いていると思います。新車を買って、10年は乗るつもりで大事に乗る。そのほうがクルマにたいする愛着もわきます。経済的メリット、安全など、いろいろな意味で初心者には新車をおすすめします。

小さいクルマは小回りが利くというのは本当か

女性ドライバーの多くは小さなクルマがお好きです。その理由は私にもよくわかります。大きなクルマより取り回しがよく、使いやすいですものね。なにより小さなクルマは左側をこすったり、駐車でつっかえたりする心配が少ないというところが、女性ドライバーを安心させるのでしょう。それとは理由が異なりますが、私も小さなクルマには小さなクルマの魅力があると思っていますから、小さなクルマを選ぶのには大賛成です。

しかし、クルマを見かけだけで判断すると裏切られます。クルマの取り回しのよしあしは大きさだけではわかりません。一見、巨大なミニバンが普通の乗用車と同じように狭い路地にスイスイ入れたり、小さいクルマなのに駐車場で切り返しを何度もやらされて苦労するということがあります。それはそのクルマの「最小回転半径」と「見切りのしやすさ」に関係しています。

どのクルマのカタログにも、最後のほうのページに「主要諸元」と書かれた表があります。その表の中にはかならず最小回転半径が記されています。それを見てください。最小回転半径とはハンドルをいっぱいに切ったときに、クルマが描く円の大きさです。これが小さいほうが小回りが利くわけです。最小回転半径が４・９ｍ程度であれば、かなり取り回しがらくなハズです。しかし、全長や全幅がそう大きくないクルマでも、最小回転半径が５・４ｍもあるとなると、ちょっと面倒でしょう。大きいクルマであっても後輪駆動車なら、ハンドルの切れ角が大きいので、

女性は小さいクルマがお好きのようですが……

意外と最小回転半径が小さい傾向があります。

もう一つは見切りのしやすさですが、これは車幅感覚のわかりやすさ、ボディの前端や後端がすぐわかるかどうかということです。一般的には視点の位置が高いクルマのほうがいいとか、ボディが直線的なほうがいいとは言えますが、これは乗ってみなければわかりません。クルマを選ぶときは、とにかく自分で乗ってみることです。ディーラーの試乗車に乗って、自分の家や駐車場にらくに入るかどうか試してみてください。それができれば、まず使えるハズです。

しかし、いちばん大事なことはあなたの気に入ったクルマを選ぶことです（車庫が狭くて物理的に無理というなら別ですが）。見かけの大きさや取り回しのよしあしばかりに気をとられて、意にそまぬクルマにガマンして乗るというのでは、クルマが楽しくなくなってしまいますヨ。人間の感覚というのは大したもので、どんなクルマもたいてい慣れてしまいます。言いかえれば、小さなクルマを選んでも、大きいクルマの場合よりらくができるのは慣れるまでの2～3カ月だけ。あとは大きいクルマでもさして変わらないものです。

2 ボックスか3ボックスか、FFかFRか

乗用車はボディ形式と駆動のしかたでおおよその性格が決まります。その基本を知っておきましょう。現代のクルマのボディは、だいたい以下の二つに分類されます。

(1)3ボックス。エンジンルーム、乗員室、トランクの三つの箱に仕切られたクルマという意味です。一般にセダンとかサルーンと呼ばれているもののこと。結婚式や葬儀など、フォーマルな場にも乗っていける、最もオーソドックスな形式です。排気量が2ℓから上の中級車、高級車の多くはこの形式を採ります。ベンツやBMW、クラウンなどがその代表的なもの。

(2)2ボックス。エンジンルームと乗員室の二つの箱に仕切られたクルマです。後ろにハッチゲート（後ろにあるドア）があり、ハッチバックと呼ばれるものもこの形式です。荷室は後席の後ろにあり、乗員室と完全に仕切られてはいません。2ボックスのメリットは人と荷物のためのスペースを大きく採れることです。コンパクトな外寸ながら広い室内と荷室が得られるきわめて合理的な形式といえましょう。ワゴンやミニバンはこれですし、排気量が1〜1・3ℓクラスの小型車も大半がこの形式です。

駆動のしかたは、主なものはつぎの二つです。

(a)FR（フロントエンジン・リアドライブ）。エンジンを前に置き、後輪を駆動するというものです。操縦感覚が自然なのと静かにしやすいので、(1)の3ボックスボディと組み合わされ、高級車

使用条件をよく考えて選択しよう

に多くみられます。先にあげたＢＭＷやベンツ、クラウンもＦＲです。スポーツカーもこの形式が多いのですが、それは操縦感覚を重視してのことです。

(b)ＦＦ（フロントエンジン・フロントドライブ）。エンジンを前に置き、前輪を駆動するというもので、いまや乗用車はおおかたがこのタイプになっています。運転するうえでは直進安定性がいいのが特徴です。また、床面を平らにでき、エンジンルームを比較的小さくできるので、外寸のわりに室内を広く採れます。とくに(2)の２ボックスボディと組み合わせると室内をとても広くできるので、大半のミニバンと小型車はこの形式で作られています。また、ＦＦ車は生産コストを低くできるので、ボディ形式が同じでエンジンの排気量も同じくらいでも、ＦＲ車より値段が安い傾向があります。

クルマを選ぶときは、このボディ形式と駆動のしかたに注目してください。家族や友人をたくさん乗せたいならＦＦ２ボックスのミニバン、普段は三、四人で乗って、ときにはフォーマルに使いたいならＦＲ３ボックスのセダンというふうに考えるわけです。

エンジンが違えばクルマの性格も値段も変わる

エンジンはクルマの乗り味を決める最も大きな要因と言っていいでしょう。エンジンが違うとクルマの静かさや、燃費、それから値段もずいぶんと違ってしまいます。

エンジンの原理は、おおざっぱに理解するだけなら簡単です。ガソリンを空気中にスプレーして、そこに火をつけると爆発します。この爆発をシリンダーという頑丈な筒（気筒とも言います）の中でおこない、その爆発力を取り出そうというのがガソリンエンジンです。注射器の中に火薬を少し入れ、それをポンと爆発させたところを想像してください。注射器のピストンはその勢いで押し戻されますね。これがクルマを走らせる力になるのです。よく言われるエンジン排気量とは、このシリンダーの中に入る空気の量のことです。基本的にはこの排気量が大きければ大きいほど、大きな力が得られます。

エンジンはこの爆発をくりかえしながら、クルマが止まっているときで1分間に600〜700回転、フル加速のときで7千回転くらいまで回転します。回転が上がれば上がるほど、1分間に起こる爆発の回数は多くなりますから、エンジンはより高いパワーを出せるわけです。

さて、排気量が大きいほうが力が大きく、回転数も高いほうがパワーが大きいので、同じパワーを得るのに、小さい排気量のエンジンではエンジンの回転数を高めなければなりません。回転数が高いほど、エンジンはうるさくなります。ということは、逆に排気量が大きいクルマは、静

大きいエンジンが高級と言われてはいるが……

かに走れるということになります。高級車のエンジン排気量が大きいのにはそういう理由もあるのです。

さらにエンジンを静かにするために、シリンダーの数を増やすという方法もあります。振動を減らして、スムーズにエンジンを回すためです。排気量が1～2・4ℓクラスの乗用車は、大半が4気筒、つまりシリンダーが4つのエンジンです。シリンダーの数をさらに増やすとエンジンはスムーズで静かになりますから、スムーズさや静粛性を大事にする高級車には6気筒、8気筒、あるいは12気筒といったエンジンが使われます。

つまり、一般的には、排気量が大きくて気筒数が多いほうが、高級なエンジンということになります。しかし、そうなると値段も高くなるし、エンジン自体も重くなります。燃費だって悪くなります。そこでクルマのボディの大きさなどとバランスを見ながら選ぶということになるのですが、実際のところは乗ってみなければわかりません。乗ってみたら、A車の6気筒よりB車の4気筒のほうがよかった、ということだってないわけではないのです。

新しい自動変速の方式、CVTを知っていますか

トランスミッションは走りに影響を与える重要な部品ですので、クルマを選ぶときには注意を払ってください。少し前まではオートマチック（AT）車と呼ばれる自動変速機が一般的で、だいたい4速が主流でした。

これは1速から4速まで、ギア比を4段階にクルマが自動的に変速してくれるということです。変速機のギアはいろいろなスピード域でエンジンを効率よく使うためのものですので、選択できるギア比が多ければ、より効率よくエンジンを使えるということになります。ですから、高級車になると7速、さらには8速というものもあります。しかし、自動変速機はクルマの構成部品のなかでは最も精密で、それだけに値段も高いものです。ギアが増えればそれだけ作るのにもコストがかかりますので、値段はさらに高くなります。

できれば7速だの8速だのといわず、無段階で連続的にギア比が選べれば、そのほうがもっとエンジンを効率的に使えます。それを実現したのがCVTと呼ばれる無段階変速の自動変速機です。CVTは二つの滑車（プーリー）の間に鋼鉄の特殊なベルトがかかった構造になっています。その滑車は直径を大きくしたり小さくしたりできるように作られているので、これで無段階に変速するしくみです。最近は軽自動車から2ℓクラスの乗用車まで、さまざまなクルマに使われるようになってきて、いまや小型・中型の国産車では主流になったと言えるでしょう。しかし、走

無段階自動変速機

いまや国産車のトランスミッションはCVTが主流

り好きに言わせれば、やや反応が鈍く、ダイレクト感が今ひとつなのが欠点です。

　最近、とくに欧州車のトランスミッションで増えてきたのがデュアルクラッチ・トランスミッションという自動変速機です。メーカーによって呼称が違ってＤＳＧとかツインクラッチなどと呼ばれています。これは文字通りクラッチが２つあるトランスミッションで、一方が１／３／５速の奇数段を、もう一方が２／４／６速の偶数段を受け持ち、変速がおこなわれるたびに交互に動力を伝えます。エネルギーのロスが少なく、変速が素早くおこなわれ、ダイレクトな運転感覚が味わえますが、まだコストが高いようです。

　これも欧州車に多いのですが、ロボタイズドＭＴという自動変速機もあります。基本構造はマニュアルトランスミッションで、そのクラッチ操作や変速操作を自動化（ロボタイズ）したものです。価格が安く抑えられるので、小型大衆車で使われますが、国産のＣＶＴ車やＡＴ車に慣れていると、ギクシャクすると感じるかもしれません。変速を機械まかせにせず自分でやると、すこしスムーズに走らせられます。

クルマが障害物を検知して自動的に止まる「自動ブレーキ」

このところ話題になっているのが、衝突の危険をクルマが自動的に察知しドライバーの代わりにブレーキを踏んでくれるという「衝突被害軽減ブレーキ」です。「自動ブレーキ」「プリクラッシュブレーキ」などと呼ばれることもあります。

走行中、前方のクルマの急停止や、あるいは歩行者や自転車の飛び出しをクルマが見て判断し、ブレーキをかけるのですから、本当に画期的な技術です。しかも最近は車種によっては標準装備になっていたり、オプション設定でも5万円とか10万円くらいと低価格になってきているので、急速に普及しています。このくらいの金額なら、一回でもヒヤッとする経験を切り抜けられれば、元が取れたと考えられるでしょう。

衝突被害軽減ブレーキは、クルマについているカメラやレーダー、レーザーレーダーなどで前方の障害物や歩行者を検知します。その情報から、障害物との距離、近づく速さなどを瞬時にコンピュータが計算し、危険かどうかを判断するわけです。すなわち、衝突被害軽減ブレーキは、コンピュータの進化によって実現したもの。これからもコンピュータはどんどん進化するでしょうから、この種の技術も急速に進歩し、ゆくゆくは運転が完全に自動化されることでしょう。

とはいえ、現在の技術による衝突被害軽減ブレーキは完全なものではありません。車種によりますが、衝突被害軽減ブレーキの効果が期待できる速度範囲が狭いものが多いのです。小型車や

自動ブレーキに助けられることもあるかも

軽自動車に付いているものの場合、自車の速度が30㎞／h以下でないと衝突を回避できないといいます。また、車種によっては、認識できる障害物がクルマやガードレールなど、大きなものに限られ、歩行者や自転車など比較的小さい対象では効かないものもあります。レーザーレーダーを利用するものなどでは雨天の場合は使えないこともあります。

クルマの値段が高ければ、それに付く衝突被害軽減ブレーキも高性能なものになる傾向があり、速度範囲その他も、広い条件下で機能するようになっています。しかし、近い将来には高機能化・低価格化が進んで、大衆車にも高性能な衝突被害軽減ブレーキが付くようになるでしょう。

また、衝突軽減ブレーキのオプションを装着すると、同時に誤発進防止機能（前方に障害物があるとき発車しようとしてもさせない機能）や、追従機能付オートクルーズ（高速道路などで先行車と適切な車間距離をとって追従するようアクセルとブレーキを自動操作してくれる機能）なども付加されることがあります。新車の購入を考えているなら、衝突被害軽減ブレーキのことも頭に入れておきましょう。

近所を乗るだけなら、軽自動車もおすすめできる

いまや日本で新しく売れる乗用車のうち、軽自動車はほぼ4割に達しています。売れているだけあってメーカー間の競争も非常に激しく、おかげで進化のスピードは驚くほどです。とくにカタログに表記される燃費の向上ぶりには目を見張ります。

軽自動車の利点はなんといっても維持費が安いことです。税金も保険料も安いので、1ℓエンジンの小型車と比べると断然お得ということになります。家に2台、3台とクルマが必要な地方で軽自動車の普及率が高いのは、ごく当然といえましょう。また、サイズが小さいおかげで狭い農道や林道にも入っていけ、日本の地方には欠かせない生活のツールとなっています。

いまの軽自動車は昔のような代用車的な存在ではなく、立派な小型自動車といって間違いありません。長旅は無理だとしても、大人四人がまあまあ乗れますし、高速道路でもいちおう100km／hで走れます。多くの女性ドライバーが軽自動車を選ぶことには正当な理由があると思います。軽自動車が生活の道具として、割り切って使われているということは、日本のモータリゼーションが成熟した証拠といえましょう。

ただ、軽自動車にもいろいろウイークポイントがあります。そのひとつは燃費が意外とよくないことです。先ほど書いたようにカタログに表記される燃費は低くて驚くほどですが、エンジンの排気量が660㏄と制限されているので、パワー不足でどうしてもエンジンをうんと回すため、

欠点も知ったうえで選ぶなら軽自動車もいい

実際に走らせると結果的にガソリンを食ってしまうというクルマが少なくありません。いまや1ℓクラスの小型車だって燃費が向上していますから、比べてみるとそれらより燃費がよくないこともしばしばです。また、クルマ自体の価格も安くはありません。ちょっとした装備をつけると、100万円を大きく超してしまう軽自動車が少なくないのです。クルマ自体の価格は1ℓクラスの小型車のほうが安い場合すらあります。結局、軽自動車は維持費を安くしたい人が、高い車体を買わされているようなところがあります。

最大のウイークポイントは安全性でしょう。いまの軽自動車は55km／hで前面衝突したさいの安全基準をクリアしているとはいえ、この貧弱なボディで高速道路に入り、大型トラックなどと並んで走るのは、ちょっと考えものです。

もし、高速道路には入らず、長旅に使うこともなく、ほとんど自宅近辺での通勤、買い物などに使うというなら、軽自動車という選択は悪くないと思います。維持費が安いというのは、日常、ゲタ代わりに使う実用車にとって、なにより大切なことなのですから。

ハ イブリッドは高価格が難点。しかし燃費はすごくいい

いま人気なのがハイブリッドカーです。ハイブリッドカーとは電気のモーターとガソリンエンジンを載せて、その両方で走る電気自動車とガソリン車の文字通り雑種的存在です。ハイブリッドとは「雑種」の意。ハイブリッドカーとは電気のモーターとガソリンエンジンを載せて、その両方で走る電気自動車とガソリン車の文字通り雑種的存在です。エンジンとモーターをいっしょに使うには、複雑なメカニズムが必要となり、むろんクルマの価格も高くなります。では、なぜ、そんな面倒くさいことをするのかといえば、ひとつは燃費をよくするため、もうひとつはCO$_2$対策など環境への配慮からです。

ガソリンエンジンには低い回転数では力が出ないという弱点があります。ところがモーターはその逆で、静止していて回転しはじめるところから最大の力を発生します。そこでエンジンの力が弱い低回転数の部分をモーターでおぎない、エンジンはもっと効率のよい回転数のところで使うようにすると、ガソリンを食わなくてすむというわけです。またクルマが減速するとき、クルマの運動エネルギーを発電機で電気に変えてバッテリーにためれば、それを走りのために使えます。これでまたガソリンが節約できます。さらにガソリンエンジンのクルマは止まっているときでも、エンジンは動きつづけています。しかし、スタートの部分をモーターで助けることができれば、エンジンを止めておけます。これでまたまた燃費を稼げます。こうした節約を重ねることで、ハイブリッドカーは燃費をよくしているわけです。実際に使っても、たとえばトヨタ・アクアなどでは、街乗りで20㎞／ℓくらいとかなり燃費がいいと言えます。

電気自動車に利点があることは確かですが…

ただし、難点は、同クラスのガソリン車より3割以上も価格が高いことです。いくら燃費がよくても、節約できるガソリン代はせいぜい年間4～5万円程度でしょうから、この価格差は吸収できません。いまのところはハイブリッドカーの知的なイメージにお金を払うということになるでしょう。

一方、最近は電気自動車（ＥＶ）も街で見かけるようになりました。電気だけで走るので、クルマからは排ガスは出ず、クリーンなクルマと考えられています。しかし、いろいろと難点があります。まず、自宅に充電設備を設置しなければならないので、基本的に集合住宅では使えません。また車両の値段が高いことと、1回の充電での航続距離がせいぜい２００km程度しかないこともウイークポイントでしょう。また、出先で充電できる充電ステーションの数もまだ多くなく、充電には急速充電でも30分かかるというのも、買うのを躊躇させる要因です。販売しているメーカーも発売当初はもっと売れると考えていたようですが、これらの問題が障害となり、思ったように普及していません。将来、高性能で安価な電池が開発されれば実用性が増すかもしれません。

ミニバンは本当に便利か、よく考えてください

一度にたくさんの乗員をのせて走れるのがミニバンです。お父さんとお母さん、二人の子供、そしておじいさんとおばあさんといった大家族でどこかに行くにはピッタリです。気の合った仲間と旅行したり、少年サッカーチームの送り迎えなどにも役立ちそうですね。またホームセンターなどへ買い物に行き、大きな荷物を載せて家に持ち帰るのにも便利そうです。

しかし、ミニバンって、ホントにそんなに便利なものでしょうか。一年を通していま書いたような使い方をしているのなら、たしかに合理的です。燃費のうえでも、乗った人の数で割れば、ガソリンを効率的に使っていることになりますから。でも、実際にこうした使い方をすることはそうそう多くはないはずです。毎週、家族旅行をしている人なんていないでしょう。

東京都内で使われているクルマの平均乗員数は、二人以下であるという話を聞いたことがあります。実際、私が見たところ、都内を走っているミニバンの乗員数は、一人かせいぜい二人というケースが多いように思えます。つまり空気を運んでいるわけです。

そもそもミニバンはボディが大きく重いので、どうしても燃費が悪くなりがちです。そんなクルマを一人かせいぜい二人で乗るというのは不合理な話です。それに、これは私の好みの問題なのですが、ミニバンは重心が高く、重いため、スポーティに乗れないというのもつまらないところです。もうひとつミニバンで気に入らないのは、例のスライドドアというヤツです。これは本

大家族が少なくなったのに、なぜかミニバンが人気

来、荷物の積み降ろしのためにあるもので、乗用車には向いていないと思います。怖いのはこのスライドドアから、道路の右側へ子供がポンと飛び出すこと。これは前にも書いたとおりです。

もし、あなたが大家族の主婦であるとか、花屋さんやブティックといった家業があって荷物をよく運ぶというなら、ミニバンはなかなか便利なクルマだと思います。しかし、最近多い、1・5〜1・8ℓのエンジンで七人乗りという小ぶりなミニバンは、七人乗りといっても、実際に七人を乗せて長距離を走るのはムリです。余裕を持って四人、せいぜい五人で使うのが現実的でしょう。

それに大人数で旅行に行くなら、それなりの荷物も積まなければなりませんが、5ナンバーの七人乗りミニバンで大人六人乗車としても、全員の二〜三泊分の荷物とレジャー用品を載せると、室内は相当きゅうくつでしょう。ミニバンをミニバンらしく使うには、ある程度の大きさが必要です。

ミニバンを考えるなら、実際のあなたの生活上の必要をよく検証してからにしたほうがいいですよ。

ガ

4WD・SUV

ガチガチの本格派SUVは確かにカッコいいが…

SUVとはスポーツ・ユーティリティ・ビークルの略。人のいない荒野に乗り込んで野外キャンプをしたり、川釣りに行ったり、同時に街でも普通に乗れる4WDのクルマのことで、主にアメリカで発達しました。アメリカでは大きくてパワーのあるSUVの人気が高く、かのポルシェやBMWまでもがSUVを開発して、アメリカ人に売っています。

アメリカでSUVが流行したのには理由があります。アメリカでは、乗用車に厳しい燃費規制が課せられています。しかし、SUVは制度上トラックと同じ扱いを受けるので燃費規制が甘かったのです。このため、SUVには排気量が大きくパワーのあるエンジンをいくらでも載せることができました。いつの時代も強そうなクルマが大好きなアメリカ人は、こぞってこれを買ったのです。日本でも一時、大型SUVが大流行となりましたが、いまではディーゼルの排気ガス規制の問題もあり、ブームは下火になったようです。

SUVには、トラックのような頑丈な構造の本格派SUV（トヨタ・ランドクルーザーなど）と、FF乗用車をベースに作った街乗りSUV（トヨタ・ハリアーやホンダ・CR－Vなど）があります。本格SUVはたいていかなり大柄で、厳しい荒れ地や砂漠のようなところにも入っていけるクルマです。街乗りSUVはSUV的な外観がウリというクルマで本格SUVとは似て非なるもの。最近は技術が進んで荒れ地も走れる本格SUVに近いものも出てきてはいますが……。私は日本

燃費の悪さは覚悟したほうがいいですよ

で普通に使うことを考えると、街乗りＳＵＶでもじゅうぶんだと思います。

日本にはクルマが入れる荒野も、クルマが入れる砂浜もまれです。そもそも河原などにＳＵＶを乗り入れ、植物や鳥の巣などを踏みつぶして走ることは、どう考えてもステキなこととはいえません。また、おおかたの林道はいまや通行禁止となっています。むしろ日本でＳＵＶが役に立つのは冬の雪道でしょう。たしかに４ＷＤは雪には有効です。ただ、雪道のところで説明したように、大きくて重い本格ＳＵＶはかえって深い雪には弱いのです。雪に強いのはタイヤの直径が大きく、軽量なＳＵＶです。スズキの軽自動車ジムニーなどその典型で、雪の中で使うということから言えば、このクルマあたりが最も実用的でしょう。

それに本格ＳＵＶは恐ろしく燃費が悪いのが難点で、ガソリンをがぶ飲みします。このご時世にガソリンばらまきで走るというのも、あまり知的とはいえませんね。スマートな女性が大型の本格ＳＵＶをこともなげに乗り回すのは、なかなかカッコいい図とは思いますが。

ワイルドなイメージのクルマに颯爽と乗ってほしい

その昔、フランスの女流小説家F・サガンが、フェラーリを訪ね、フェラーリの総帥エンツォ・フェラーリに「私にフェラーリを売ってちょうだい」と頼んだことがあるそうです。エンツォはサガンの腕をとって試すように握ってから、「お嬢さん、あなたのか細い腕ではフェラーリに乗るのはムリです」と断ったとか。昔のフェラーリはパワーステアリングがついておらず、クラッチは恐ろしく重く、とにかく体力を必要としました。とても女性の手に負えるものではなかったのです。

しかし、現代のクルマはすべてパワーステアリングつきで、オートマチックトランスミッション。たとえ巨大なSUVでも女性の手にあまるということはありません。かりにマニュアルシフトでも、クラッチはいたって軽くなっていますから、どんなクルマも基本的に乗りこなせるハズです。自分に似合ったクルマをうまく選んでください。

女性が乗ってカッコいいクルマにはどんなものがあるでしょう。BMW? ベンツ? それともレクサスLS? たしかにお金持ちそうには見えますが、私にはべつだんカッコいいとは思えません。それに、いくら高級な外国車に乗っていても、その運転が下手だったら、少しもステキに見えないどころか、かえってカッコ悪く見えてしまいます。それではクルマに乗っているというより、乗せられているといった感じです。

むしろ私はジープやランドローバー・ディフェンダーのようなワイルドなSUVを平然と乗り

かわいいクルマでなくても女性には似合うもの

こなしている女性ドライバーを見ると、「おお、カッコいいナ」と思わされます。あるいはマツダ・ロードスターやトヨタ86（ハチロク）のようなスポーツカーを、うまくシフトをこなしながらキビキビと乗りこなしている女性もとてもステキに見えます。これとは正反対ですが、昨今では大型トラックやコンクリートミキサー車を運転する女性職業ドライバーの姿を目にすることがありますが、あれもなかなかカッコいいものです。こういう女性ドライバーを見ると、私はいつも「おお、やるなあ」と思わされるのです。

それはきっと、彼女たちが自分の意志で自分のクルマをコントロールし、決然と走っている姿が、カッコよく見えるからなのでしょう。一見、女性には似合いそうもないクルマを、大胆に乗りこなす。乗りこなしている姿に、その女性ドライバーの決断力や意志の強さを感じるのだと思います。

そう考えると、クルマそのものも重要ですが、もっと大事なのはどう乗りこなしているか、ということなのでしょう。ですから、小さいクルマをキビキビと乗りこなす、というのもいいと思いますよ。

第11章

運転がうまくなった自分を想像してみてください

義務感から解放されて運転してみてください

女性がクルマを運転する動機はいろいろあると思いますが、最も大きな動機は、家族のために運転するということではないでしょうか。

子供を学校や保育園へ送り迎えする。病気のご両親を病院へ送り迎えする。自宅から勤務先の会社まで通勤する。あるいは、家族に食事の用意をするためにスーパーへ買い物に行くといった具合です。なるほどそれはすばらしいことですし、これから女性には、ますますそうしたクルマの運転が要求されるようになるでしょう。しかし、ちょっと待ってください。クルマを生活の道具としてだけ使うというのは、なんだかさみしくはありませんか。

人のため、家族のため、あるいは仕事のため、義務感だけでクルマを運転していると、クルマは楽しくなくなってしまいます。クルマは本来、個人の自由を大きく拡大してくれるものとしてあるのです。たまに気の合った仲間と二、三日かけて旅行する。あるいは自分ひとりだけで、行ってみたかった美術館などに行ってみる。それとも、純粋にドライブだけを楽しむといったことに、積極的に挑戦してほしいものです。

家族や荷物を運ぶためだけというなら、あなたはバスやトラックの運転手さんと変わりありません。それではただの仕事です。思い立ったら自分の意志で、自由気ままに自分の好きなとき、好きなところへ行く。それを可能にしてくれるのがクルマなのです。

自分のために運転する機会がもっとあっていい

そもそもクルマは、ごく一部のお金持ちたちの気晴らしとして発達してきました。そして、それは男たちだけのものであったのです。しかし、現代ではクルマは大量生産され、誰にでも手に入る値段となり、その楽しみを誰もが満喫できるようになっています。そして多くの女性も男性と同様、クルマを運転するようになりました。それなのに義務感だけでクルマに乗っている女性がなんと多いことでしょう。女性が自分自身の意志で職業を選択し、好きな旅行や買い物をする、そんなことがあたりまえの時代なのに、クルマの運転だけは、まだ女性のものになっていないかのようです。

世の男性ドライバーどもは、女性ドライバーが下手なのは、運転がうまくなりたいという意識がないからだといいます。確かに、義務感だけで、怖いのをガマンして、いやいや運転していたのではうまくなろうはずもありません。もっとクルマに乗ることを楽しんでください。そして自由気ままにあなたのワガママを実現してください。そうなればあなたはもっと運転がうまくなるはずです。好きこそモノの上手なれというではありませんか。

クルマは女性のほうがよく似合うものなのです

長年クルマにつきあってきた私がつねづね思うのは、クルマに似合う男というのは本当に少ないなあということです。ポルシェ、フェラーリ、ベンツと、街にカッコいいクルマは多々あふれておりますが、その運転席の男どもを見ると、なぜかカッコよく見えません。最新流行のファッションで身を固め、軽薄そうに型にはまっている男。いかにも成金まるだしの脂ぎった男。知性に欠けてさまになりません。カッコいいのはクルマだけなのです。

自省をこめて言いますが、残念ながら、おおかたの男どもはクルマに負けてしまっています。クルマを乗りこなしているのではなく、クルマに乗っかっているだけなのです。かりに、クルマから降りればそれなりにカッコいい男だとしても、クルマに乗ったとたんカッコ悪くなってしまうのです。では、ごく普通の乗用車に乗っている男たちがカッコいいかというと、これもほぼ全滅。とくに中年男性になるとまずダメで、おやじ丸出しといった態。おそらく女性から見ても、まったく魅力を感じないことでしょう。

クルマというのは欧米人が作り出したモノなので、欧米人に着物が似合わないように、日本人にはどうしても似合わないものなのだろうか、それとも日本の男性というのは、中くらいの貧乏人ぐらいの役回りしかできないのではないかと、いつも絶望的な気分になります。

その点、女性は不思議なことにクルマがよく似合います。極端な話、たとえ軽自動車でも、ダ

同じクルマでも 女性のほうがサッソーと見える

あなたはずいぶん得をしているのです

ンプカーでも、スポーツカーでも、女性がクルマを運転しているとなんだかステキに見えるのです。私はクルマは女性によく似合うものだと思っています。

ただ、それには一つだけ条件があります。颯爽と乗るということです。よく、ハンドルにしがみつくようにして、前屈みでおどおどしながら運転している女性ドライバーがいますが、これはどうにもみじめったらしく見えます。どんな美人でも興ざめです。背筋をスッと伸ばして、ハンドルをちゃんと押さえ、前を見すえて走っている女性ドライバーは誰でもステキです。

女性はクルマにたいして、男性のように妙な思い入れを抱かず、道具と割り切って乗るからカッコいいのかもしれません。多くの男たちはクルマを使って自分をカッコよく見せようと、あれこれあがいたあげく、結局カッコよくなれない悲しい存在ですが、これが女性となるとクルマに乗るだけでカッコよく見えるのです。つまり、あなたはずいぶん得をしているのです。どうぞクルマを颯爽と乗りこなし、あなたをいまの2倍、いや3倍ステキに見せてください。

一度の長旅が一生ぶんの自信を与えてくれる

もし、あなたがクルマの免許を取ったばかりというなら、機会を作って、一泊二日で300～400kmぐらいの長距離ドライブに出かけることをおすすめします。一人で運転するのが怖いというなら、運転経験の長いご家族かご友人に助手席に座ってもらうといいでしょう。

まだ慣れていないからムリ、もうちょっとうまくなってからと思われるかもしれません。しかし、それは逆です。慣れていないからこそ行くのです。この段階での長距離ドライブはあなたにいろいろな経験を与えてくれます。そして、その経験はあなたに自信を与えてくれます。ドライブから帰ってきたあなたは、見違えるほどクルマの運転が上手になっているハズです。

免許を取って何年もたつのにすこしも運転がうまくならない、クルマを運転するのがいまだに怖いという女性ドライバーを私は何人も知っています。彼女たちがペーパードライバーなのかというと、そうではないのです。学校までの子供の送り迎えや買い物でけっこうクルマに乗っているのです。ただ、そのドライブは十年一日のごとく同じコースのくりかえし。その範囲内でのことにしか対応できていません。

ですから、少しでも条件が変わると、怖くて運転ができないのです。たとえば高速道路に怖くて入れないとか、山道を他のクルマと同じペースで走れないといった具合です。彼女たちは、あるパターンのなかでの運転ばかりくりかえしてきたため、運転に妙なクセがついてしまっていま

遠くへ行くことであなたのクルマ人生が変わる

す。そして、そのパターンを外れた条件を必要以上に恐れるようになります。こうなると、そのクセを直すのは大変です。免許を取ってまだ運転が固まっていないうちに、さまざまな運転条件を経験したほうがいいのです。

長距離ドライブはこの本にも出てきた、さまざまな場面の訓練になることでしょう。自宅から住宅街の狭い道を抜けて、クルマが混雑している幹線道路を通り、高速道路を100km／hで走り、コーナーの連続する山道を走り、狭い道ですれ違いをおこない、宿の駐車場にクルマを入れる。場合によっては、雨や夜間の運転も経験することになるでしょう。

こうした訓練を一通りこなしてしまえば、あなたはあらゆる条件下での運転に対応できたことに自信を持ちます。この自信があれば、クルマを運転することが好きになります。なによりあなたはクルマでとても遠くまで行けたのです。これから先、何度だって遠くへ行けるハズです。クルマに乗ってどこか知らないところに行こうかなという積極性が生まれます。鉄は熱いうちに打てというではありませんか。ひとつ思い切って長距離ドライブに挑戦してください。

危険予測教則本
『交通状況を鋭く読む—危険予測トレーニング』について

この本には「問題編」（本体価格 2000 円）と「解説編」（本体価格 4000 円）がある。「問題編」でまずどのような危険があるのか、どのような運転をすればよいか考えた後、「解説編」で危険な状況や事例図、危険に陥らないための運転のポイントを読んで自分が考えた内容と照らし合わせ確認することができる。

入手のさいは、下記のホンダの交通教育センターに電話で問い合わせのこと。

アクティブセーフティトレーニングパークもてぎ	0285-64-0100
交通教育センターレインボー浜名湖	053-527-1131
交通教育センターレインボー和光	048-461-1101
鈴鹿サーキット交通教育センター	059-378-0387
交通教育センターレインボー埼玉	049-297-4111
交通教育センターレインボー福岡	092-963-1421
交通教育センターレインボー熊本	096-293-1370

本文デザイン　渡邉雄哉（Malpu Design）

編集協力　長谷川裕

著者略歴――――

徳大寺有恒 とくだいじ・ありつね

1939年東京生まれ。成城大学経済学部卒。1955年から半世紀以上のドライバー歴をもつ。1976年小社刊『間違いだらけのクルマ選び』で自動車評論の新境地を開拓、社会に衝撃を与える。以降『年度版間違いだらけ』を2004年まで刊行、復活した『2011年版』からは島下泰久氏との共著として刊行している。『女性のための運転術』は改訂を重ね本書で4冊目。これまで累計20万部のロングセラーとなっており、数多くの女性の運転上達を助けてきた。2014年11月逝去。

新・女性のための運転術

2014年2月19日　第1刷発行
2019年6月10日　第2刷発行

著　者　徳大寺有恒
イラスト　穂積和夫
装丁者　Malpu Design(清水良洋)
発行者　藤田　博
発行所　株式会社 草思社
〒160-0022　東京都新宿区新宿5-3-15
電話　営業 03(4580)7676　編集 03(4580)7680
振替　00170-9-23552
組　版　株式会社 キャップス
印　刷　中央精版印刷 株式会社
製　本　株式会社 坂田製本

ISBN978-4-7942-2034-9　Printed in Japan　検印省略

http://www.soshisha.com/